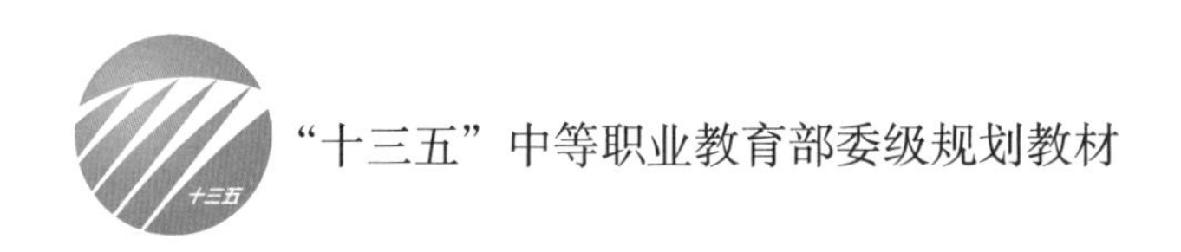

“十三五”中等职业教育部委级规划教材

服饰搭配

张其旺　主编
祝　梅　副主编

国家一级出版社　中国纺织出版社　全国百佳图书出版单位

内容提要

本书是中等职业学校“服装展示与礼仪专业”的核心课程教材。全书共分为五个单元。单元一主要阐述服饰搭配的重要性，阐明成为服饰搭配专家应具备的知识与素养、路径与方法；单元二主要阐述服饰形式美，包括服装的造型美、色彩美、材料美和图案美；单元三旨在探究服饰搭配的秘密，服饰艺术的表现对象是人，阐明人体与服装的关系、服饰形式美的规律和服饰风格特点；单元四是进行服饰搭配实践指导，首先要设计不同类型的着装形象，并在此基础上把握着装TPO原则和服饰搭配步骤；单元五主要介绍服饰品的作用和服饰品的搭配原则。

本书的特点：一是内容环环相扣、自成体系；二是图文并茂、通俗易懂；三是有较强的可读性和指导性。本书既是中职服装展示与礼仪专业教材，又可作为高职院校服装专业学生以及普通大众学习服饰搭配艺术的参考书籍。

图书在版编目（CIP）数据

服饰搭配 / 张其旺主编. -- 北京 : 中国纺织出版社，2018.9（2023.2 重印）

“十三五”中等职业教育部委级规划教材

ISBN 978-7-5180-0649-6

Ⅰ. ①服… Ⅱ. ①张… Ⅲ. ①服饰美学 – 中等专业学校 – 教材 Ⅳ. ① TS941.11

中国版本图书馆 CIP 数据核字（2018）第 203491 号

策划编辑：张晓芳　　责任编辑：亢莹莹　张晓芳
责任校对：王花妮　　责任印制：何　建

中国纺织出版社出版发行
地址：北京市朝阳区百子湾东里A407号楼　邮政编码：100124
销售电话：010—67004422　传真：010—87155801
http://www.c-textilep.com
中国纺织出版社天猫旗舰店
官方微博 http://weibo.com/2119887771
北京通天印刷有限责任公司印刷　各地新华书店经销
2018年9月第1版　2023年2月第5次印刷
开本：787×1092　1/16　印张：9
字数：143千字　定价：49.80元

前言

为适应职业教育服务经济社会发展的需要，2010年教育部对中等职业学校的专业设置进行了调整，专业类别由原来的13个增加到19个，专业数由原来的270个增加到321个。为规范办学，提高教学质量，2012年教育部启动中等职业学校专业教学标准制订工作。2014年《中等职业学校专业教学标准（试行）》颁布，新的专业教学标准成为指导和管理中等职业学校教学工作的主要依据，是保证教学质量和人才培养规格的纲领性教学文件。中国纺织出版社推出的《服饰搭配》是中职学校《服装展示与礼仪专业国家教学标准》的配套教材，教材顺利通过了“十三五”中等职业部委级规划教材评审。

《服饰搭配》的编写力求站在专业发展最新成果的基础上，梳理出课程主线，努力做到知识内容环环相扣，课程脉络自成体系，呈现方式层层递进，信息传达图文并茂，编写体例推陈出新，以期增强可读性和指导性。我们期待这本教材契合专业、贴近生活、贴近学生，能够在更大范围传播服饰文化，教授着装技巧，提高人文素养，设计自我形象。

本书由合肥工业学校教研室主任张其旺担任主编，青岛市城阳区职业中心学校祝梅担任副主编。张其旺负责编写大纲、讲义和全书统稿工作，同时编写单元一、单元二及单元三的部分内容；祝梅负责组稿及编写单元三主要内容；合肥工业学校韩彦彦编写单元四内容；安徽农业大学轻纺工程与艺术学院高山编写单元五内容；烟台第一职业中等专业学校管冬磊、刘卫为单元一～单元三配图；合肥工业学校吴晏恒为单元五做部分配图。由于编著者水平有限，加之时间仓促，错误和缺点在所难免，欢迎读者批评指正。

编者

2018年1月

目录

服饰搭配概论

单 元 概 述： 服饰搭配是一门学问，是穿着的艺术。穿着是每人每天都要进行的一项行为，关乎心情，关乎工作。然而对于当今越来越讲究生活质量的人们来说，许多人其实并不了解服饰搭配的奥秘，更谈不上掌握其中的技巧来美化生活、愉悦心情、辅助工作。本单元主要让学生认识并理解服饰搭配是人人必修的艺术，掌握服饰搭配专家所需的知识与素养以及成为服饰搭配专家的方法。

单元学习目标： 1．了解服饰搭配是人人必修的艺术。

2．了解服饰搭配专家要具备的知识和素养。

3．了解成为服饰搭配专家的路径和方法。

单元一　服饰搭配概论

主题一　服饰搭配是人人必修的艺术

俗话说“人要衣装，佛要金装”。服饰是人们实现自身美的重要载体，在物质极大丰富的今天，服饰的艺术特质更加突显。

一、服饰是美化自身的装饰品

在生活中，绝大多数人并非十全十美，都或多或少有一些缺憾，而这些大部分都可借助服饰妆扮和内在修养提升气质，显得靓丽迷人。追求完美是人类的本能，当某些人对自己的身体比例、肤色等感到不满意时，就可以通过服饰进行弥补，比如女性可以通过穿高跟鞋来使自己的身材高挑（图1-1）。女人爱高跟鞋，似乎是天经地义的。高跟鞋塑造了女性胸腰臀的曲线，它会使女性身材高挑，曲线曼妙。

图1-1　服饰美化生活

二、服饰是体现精神追求的艺术品

随着物质生活水平的提高，人们越来越借助服饰来体现自己的精神追求和价值取向。张扬个性，追求别致，用服饰去诠释人们的感悟已成为服装设计的新卖点。法国著名服装设计师伊夫·圣·洛朗将女性从累赘无比的裙撑中解放出来，使她们可以迈开步伐向前走，可以随意坐，可以自由自在地跑跳（图1-2）。可可·香奈儿一年四季不停地更新裤子款式，将女人倔强好动的性格展露无遗。无论热裤或阔脚裤，女人有着不同的选择，裤子赋予女性特别的魅力和自由。

三、服饰是丰富生活的调味品

人们离不开文化生活，文化生活领域离不开服饰，服饰为各种艺术形象增添光彩。在电影、电视、音乐表演、舞蹈、杂技、戏剧等文化活动中，演员们的着装经过专业人员的精心设计，增加了艺术感染力，提高了观众的欣赏情趣。俄国传统芭蕾舞剧之一，柴可夫斯基作曲的《天鹅湖》，善良的奥杰塔公主身穿一身纯白的舞衣，使得这一穿着芭蕾舞服的少女形象成为奥杰塔公主不变的典型形象，再加上一同起舞的白色小天鹅，使人一望便会感到纯洁与率真，意识到典型形象强烈的固着力和穿透力（图1–3）。在艺术中，典型的力量是无限的，具有典型意义的服饰所构成不同于其他人的典型着装形象更会令人难以忘怀。中国京剧借助于服饰来展现剧中人物形象十分成熟，生旦净末丑的特定服饰样式传递出特定的角色形象，可谓妇孺皆知，老幼尽详。奥黛丽·赫本在《罗马假日》中的造型深入人心，她的发型和服饰成为当时全世界女性所效仿的对象（图1–4）。

图1–2 伊夫·圣·洛朗的作品

图1–3 芭蕾舞剧《天鹅湖》剧照

四、服饰体现社会角色

1. 一般社会角色与特定身份标识

服饰所反映出来的社会身份是显而易见的。人们选择服饰的时候，虽然没有人强加于他们必须要穿什么样的服饰，可是，人们会不由自主地选择与自己身份相吻合的服饰。

人的一生经历婴儿、幼儿、童年、少年、青年、中年、老年，扮演着孩子、父母、丈

图1-4 《罗马假日》剧照

夫、妻子、朋友、职员、领导等不同的社会角色，社会学家将这些角色称为一般社会角色，人们总是借助于服饰来表明自己的一般社会角色。人们以服饰表明自己社会身份的心理十分复杂，也十分微妙，社会生活越纷繁，角色的认同需要也越明显。这种现象在当代白领女性中，表现得尤为突出。尽管工作忙得不可开交，但也绝不放松对服饰的要求，在百忙之中也要挤出时间去购买与自己身份相符的服装，为的是在不同的场合表明自己的身份，使之达到某种社会活动的目的。

这种以服饰来表明特定身份或改变角色之举，渗透在人们的社会行为之中。在世界各地，人们在结婚时都要穿上特定的婚服，来向参加婚礼的宾客表明这一神圣的角色和一生中最重大的经历。英国查尔斯王子举行结婚典礼时，新郎新娘所着婚服高贵神圣，就连出席婚礼仪式的客人的着装也很注重身份，男宾个个免冠，女客则无一不戴帽子。女子戴帽子不仅是礼节上的要求，也是身份上的象征。这种女帽不像男帽千篇一律，而是配合五彩斑斓的衣服，变换着花样。帽子用毛皮、绒缎、皮革等制成，有的帽上装饰羽毛、花朵、珍珠等，争奇斗艳。

特定人群在特定场合、特定环境、特定位置更需要用服饰来界定人们的身份。法官在开庭时穿上法官服显得威严庄重；人们走在大街上见到着制服的公安干警在执勤，就会觉得非常安全。

服饰表明社会身份，必须掌握“一般社会角色”与“特定身份”这两条原则。不然的话，即使服饰再讲究，再醒目，也等于虚有其表，而失去其实际意义。服饰在符合身份的同时还要符合职业的需要，即符合其所从事职业的性质。工作环境与服饰的色彩相协调，也是关键的一项。从事办公室工作的人员，肯定要考虑服装与办公室环境色彩的关系，否则，会破坏办公气氛。比如，一个大公司的总裁是位女性，在着装上，首先要考虑的是用在本地域内被认同的女性服饰来装扮自己，以向他人显示她的性别角色，然后还需考虑上班时的服饰既要符合自己的身份，又能维护自己的尊严和地位的问题。她的服饰是经过慎重考虑、认真选择的，从质料、色彩到款式，都会力求使其与所接触的人员及气氛相吻合。这时，她便以服饰形象实现了自己社会角色的转变。但是，回到家中她又成了妻子、女儿或者母亲，这时，她也会根据环境即刻调整服饰样式，实施角色换位，以免影响情绪和环境气氛。

服饰显示身份的作用还有性别差异，服饰在强化男女性别体态差异上，既很明显又很普通，实际上却十分微妙。其微妙处在于：服饰使男性更具男人气概，使女性更有女人气质，促成两性各向两端发展，造成体态上的鲜明差异。服饰在促成性别差异的同时，实际上起着形成吸引力的作用。服饰使男女的体态差异越大，这种吸引力也越强，越能起到表明和强化社会性别角色的作用。由于现代社会观念的变化，近些年男女服饰有融合的现象。

娱乐偶像李宇春2005年一举夺得“超级女声”全国冠军，成了许多人的偶像。李宇春很少穿裙子，穿着打扮有中性化倾向，显出一种独特的潇洒气质（图1–5）。以李宇春为代表

图1–5　娱乐偶像李宇春的“中性之美”

的中性酷女在全国兴起了一股中性之美潮流，倡导女孩要帅气才够引人注目，这股中性之美热潮至今仍在蔓延。

2. **个人信息标识**

服饰是一本个人词典，一个人的兴趣、爱好、职业、年龄、文化程度等个人信息往往可

以通过服饰展现出来。从事艺术相关职业的人也许会穿着奇装异服，以体现他们与众不同的个性。在社会群体中，个性通常指一个人与一群人区别开来的、独特的、整体的特性。在现实生活中，服饰能反映穿着者的个性，被看作是了解穿着者个性的捷径。服饰个性所表现的内涵主要为个体的心理特征或者自我意识。

自我意识是组成个性的一个部分，是个性水平的标志，也是推动个性发展的重要因素。人类在儿童时期就逐渐形成了自我意识，其中服饰在自我意识的发展中起到了重要作用，服饰可以表现自我，并在自我意识中扮演着一个重要的角色，可以说自我形象有很大一部分是由服饰提供的，也可以说服饰成了形象概念的一部分。不仅如此，衣着还影响到一个人的行为。在社会交往当中，人们第一次接触所形成的印象，服饰起到了非常重要的作用。很多心理学家做过试验，人们在认识对方时，最初获得的信息会起参照作用，服饰会影响到对人的总体印象。比如，大学毕业生求职，他们会花相当多的时间去思索该穿什么、应留怎样的发型等问题，因为应聘的关键往往是面试。在具有同样学识、同样能力的情况下，在时间有限、个人才华不可能全面展示的条件下，招聘方最终要在应试者中选择他们认为合适的人，就只有靠应聘者在某些方面打动招聘方了，此时无声的着装可能就成了至关重要的因素。也就是说，在其他方面都势均力敌的情况下，恰当的着装也许就能帮你占上风，确立你胜利的形象。可见，人们通过穿着符合自己个性的服饰，参与到社会整体中来，构成社会里的一个角色。

服饰形象总会使人自然而然地与印象中的角色形象相重合，每个人在一生甚至一天中要不断地变换角色，以调整与其他社会成员或整个社会的关系。多数人在着装的过程中，考虑最多的就是服饰既要表现自己的特点，又不要跨越出自己所属团体的要求。在生活和工作中，一个人的服饰会受到他人认可或否定的评判。在一个公司的办公室里，如果一个文员穿着过于暴露的服饰，就会受到大多数人的指责，觉得是对他人的不礼貌，认为与其形象和身份不符。多数情况下，一个人的服饰不仅要满足自我的需要，还要得到大多数人的认同，才能称得上是达到了与社会环境的融合。

无论怎样理解和实施，以服饰来表明社会成员的性别、地位、职业、兴趣、爱好、年龄、文化程度、派别是大多数人的不自觉行为。服饰能够作为身份表现的一部分，实属社会的需要，社会为了有条不紊地运转，为了使所有成员便于工作和生活，希望以服饰来表明类别。社会可以广义地解释为社会制度、社会关系、社会意识和社会控制手段，也可以狭义地解释为所有社会成员所需要的环境。由于社会和生活在社会中的人都认同着装形象的重要性，这就使社会与个人处在了一个服装需要的共同体中。

思考与练习

1．为什么说服饰是人人必修的艺术？

2．什么是一般社会角色？如何理解“一般社会角色”与“特定身份”的关系转换？

3．在服饰实用功能和审美功能以外，人们为什么还那么在意服饰？

主题二 做个服饰搭配专家

术业有专攻，行行有能手，事事有专家。虽说穿衣打扮是平常事，但要想穿着得体，装扮优雅，却不是天生就可以成为行家的。服饰搭配自有奥秘，要想做个服饰搭配专家，就得学习相关知识，修炼相关素养。除此之外，还要知晓如何才能成为服饰搭配达人，如何自我修炼成为令人称赞的专家。

一、服饰搭配专家要具备的知识和素养

1. 服饰专家应具备的知识

（1）审美知识

审美知识对于一个服装从业者来说是十分重要的，是服饰搭配的灵魂。审美知识十分广泛，主要内容包括审美观、审美能力、审美意识、审美经验、审美价值和审美评价等。

审美观是审美主体对美的总的看法。美是人类社会实践的产物，是人类积极生活的显现，是客观事物在人们心目中引起的愉悦情感。审美观是从审美的角度看世界，是世界观的组成部分。审美观是在人类的社会实践中形成的，和政治、道德等其他意识形态有密切的关系。不同的时代、不同的文化和不同社会集团的人具有不同的审美观。审美观具有时代性、民族性、共同性，在阶级社会具有阶级性。

审美能力是对美的鉴赏力，是人们认识美、评价美的能力，包括审美感受力、判断力、想象力和创造力等。

审美意识是主体对客观感性形象的美学属性的能动反映。包括人的审美感觉、情趣、经验、观点和理想等。人的审美意识首先起源于人与自然相互作用的过程中。自然物体的色彩和形象特征如清澈、秀丽、壮观、优雅、净洁等，使人在体验过程中得到美的感受。并且，人们也按照加强这种感受的方向来改造和保护环境。由此形成和发展了人的审美意识。审美意识与社会实践发展的水平有关，并受社会制约，但同时具有人的个性特征。在当代，审美意识和环境意识的相互渗透作用更加强化。审美意识是人类保护环境的一种情感动力，促进了环境意识的发展，并部分地渗入到环境意识中成为一方面的重要内容。

审美经验，指保留在审美主体记忆中的、对审美对象以及与审美对象有关的外界事物的印象和感受的总和。审美经验通常在审美实践的多次反复中形成。人在实践活动、特别是审美活动中，积累大量关于外界事物的知识和经验，审美时，一旦受到审美对象的刺激就会调动有关的经验和记忆，并产生联想，立即做出审美的反应。艺术创作中，审美经验显得更为重要。艺术家必须依靠自己在生活中积累的审美经验，并学习借鉴前人的审美经验，才能创造出新的、鲜明生动的艺术形象。

审美价值是指审美对象客观具有的能在一定程度上满足人审美需要、给人审美享受的价值。在自然界、人类社会和艺术作品中，有大量的审美对象具有审美价值。如江河湖泊、冰山大川、花鸟鱼虫，人的服饰、仪表、体态、语言，雕塑作品、绘画作品、音乐作品等都具

有审美价值。虽然人必须有审美能力才能认识事物的审美价值，但在审美活动中，审美对象所固有的审美价值客观上决定人审美感受的方向、内容和程度。

审美评价是审美主体从自己的审美经验、审美情感和审美需要出发对客观事物审美属性的判断。“她是一位女性模特儿”这是科学逻辑判断。“从事模特行业不仅令人愉快，而且可获得较高的薪水”，这是实用价值判断。“她是一位漂亮模特”，这是审美判断。审美评价是主观的，它取决于审美修养、思想水平、个人的生活情感喜好等。由于人们的审美评价机制是在社会实践中形成的，受到某个特定的社会、民族、阶级的共同观念以及人类普遍情感的影响，因而审美过程中社会自觉或者不自觉地遵循着一个共同的以客观社会实践为前提的审美标准。所以审美评价真实与否、深刻与否，是有一个客观标准的。一个人对审美对象所做的正确评价，必然是与对象的审美价值相符合，反之就是主观的个人评价。

服饰搭配的实质是体现人体美、服饰美和艺术美的有机统一，是生活品质的升华，因此服饰搭配师具有丰富的审美知识，尤其要掌握服饰形式美规律。

（2）服装知识

服装知识十分广泛，作为服饰搭配师既要了解服装的相关概念，比如：何为衣服，何为衣裳，何为服装，何为时装，何为服饰，何为服饰品？它们有何区别？也要了解服装设计、服装制作与生产、服装营销的全过程知识。还要了解服装的类别、服装的基本属性和社会属性、服装的风格、服装的发展与演变、服装的流行趋势等。具有丰富的服装知识是成为服饰搭配专家的必备条件。

（3）人体知识

人体知识不可或缺。服装始终是围绕人体展开的，因此人的体型、比例、结构和运动规律都制约着服装的形制、结构以及材料的选用。研究人体与服装的关系首先要考虑服装实用性，其次要考虑服饰如何美化人体，美化人的形象。许多情况下人体是不够完美的，作为专业人士，要懂得如何搭配服装和饰品，知道什么样气质和体型的人，适合穿着什么款式和型号的服装。懂得服装适合人体的前提下，如何弥补人体的缺陷，从而达到美化形象、愉悦心情的目的。

（4）形象设计方面的知识

服饰搭配的目的是对人体进行包装，从而使整体形象得以美化。而美化形象光靠衣着还不能达到完美，只有与美容美发化妆相结合才能达到完美的状态。什么人画什么妆，什么妆配什么装；做什么事画什么妆，做什么事配什么装，都有其内在的逻辑要求。服饰搭配师从某种意义上说等同形象设计师，要掌握对不同类型人物的形象设计能力，哪类人适合什么款式的服装、什么品牌的化妆品和护肤品，懂得如何来保养身材和皮肤，要培养形成什么气质和风格，都需要通过对各类人的不断了解。人们在日常生活的穿着打扮中，对服装、鞋帽、背包、手袋等生活日用品以及化妆用品的选择中，找到适合自己的东西，形成独特的个性风格非常重要。

2. 服饰专家应具备的素养

（1）社交礼仪素养

服饰是一张直观的名片，面对一个陌生人，人们总是通过着装打扮去了解他。礼仪修养不仅表现在言行举止、表情体态上，还表现在衣着打扮上。

社交礼仪要求人们着装要遵从相应的社会伦理道德，伦理道德犹如一张无形的网，千百年来，服饰一直受到社会伦理道德的制约。对于世界上绝大多数文明社会而言，以服装来遮挡人体是至关重要的。如今，豪华饭店和高级宾馆的门口都堂而皇之地写上“衣冠不整者严禁入内”。这反映出着装的社会道德标准，以及被社会接受或拒绝的情况。再如世界上大多数地方，向亡者吊唁，人们都穿素服，以示对亡者的沉重哀悼，如若有人穿色彩艳丽的服装夹在吊唁的行列中，马上就会招致谴责的目光。事实上，人们的着装早已潜固了社会道德规范。同样人们的着装也要服务于社交礼仪需要，出席什么活动穿着什么样的服装得体，都有严格地遵从，在国与国领导人及其配偶交往中更是得到集中体现。再如我国女外交官在国外，常常穿着旗袍去参加正式的社交活动，旗袍这种民族服装，朴素大方、美观典雅，体现了东方女性亲切婉约的风格，是社交场合最直观的名片（图1-6）。

图1-6　旗袍是中国女性展示自我的一张名片

在把握时尚、引领潮流的过程中，最重要的是要做好自己，有自己独特的风格——无论是在服装还是在外形气质上，保持一种健康向上的气息，保持一种别具一格又不显另类的气息，可以让人们在繁花丛中变得引人注目。所以，在日常穿衣戴帽行为举止上，都要做得优雅，也要保持自己一定的风格特征。社交礼仪的修养十分重要，不掌握礼仪知识，就不能塑造良好形象，不能驾轻就熟地去应对各种场面。对于礼仪，并不是简单的概念，需要掌握的礼仪知识有很多，社交礼仪、服饰礼仪、国际礼仪等。只有深厚的礼仪修养，才能保证一个人无论出席何种场合都能够应对自如，从而更好地展露优雅气质，展现独特风采。

（2）把握流行资讯

服装总在不断地更新变化，捕捉每一个能构成流行的元素，把握住流行的脉搏对服饰搭配师来说十分重要。

参加各地各类性质的博览会（男装、女装、童装、运动装、休闲装、内衣、沙滩装、鞋、帽及各类面料展会等）是个不错的收集资料的办法。国内较为著名的有中国国际服装服饰博览会、上海国际服装文化节等。国际上的著名博览会如巴黎春秋女装展、巴黎第一视觉面料展、巴黎的Pret a Porter展、欧洲春秋季衣展、德国国际面料展、米兰的Moda Prima展等都值得一看（图1-7、图1-8）。还有许许多多的时装周、服装节等展览，那时会有很多场秀及时装发布会举行。在法国巴黎、意大利米兰和德国法兰克福等世界大型时装之都的成衣博览会上，总能捕捉到最新的时尚信息，包括下一季流行的面辅料等。还可以通过日常的观察和体会，凭借自己的直觉来把握时尚潮流，依据潮流信息进行穿着打扮，但时尚潮流并非完

图1-7　一年一度的巴黎秋季女装展

图1-8　巴黎女装发布会亮点品牌——Lanvin女装

全适合所有的人，所以，追逐时尚潮流一定要有所选择、有所甄别，找到适合自己的东西。

二、成为服饰搭配专家的路径和方法

1. 成为服饰搭配专家的路径

成为服饰搭配专家是一个不断学习、不断实践的过程，向相关专家学习，向书刊和生活学习是必由路径。

（1）向专家学习

服饰搭配设计涉及服装设计学、色彩学、美学、人体工程学、社会伦理学等多门学科，每门学科都有其学科体系，每门学科都有深入研究、造诣深厚的专家，向专家学习是快速掌握学科精髓的捷径，如果有机会向服饰搭配专家学习，那将是解决在学习过程中诸多疑问的最佳途径。因此，多向有经验的人学习，不耻下问非常必要。如今网络技术十分发达，网络资源十分丰富，通过互联网能够找到许多专家，找到解决问题的答案，当然互联网也有其弊端，有时一个问题答案多种，需要学习者具有较强的分析能力和分辨能力。

（2）向书刊学习

书本是学习的重要渠道，服饰搭配的书刊很多，相关的书刊也很多，例如《服装设计学》《色彩学》《美学》《人体工程学》《社会伦理学》及各类时装杂志等。很多书刊都是图文并茂，无论是获取知识，还是借鉴生动的范例，都可以通过书刊获得，因此，书刊渠道很重要。

（3）向生活学习

生活是最好的老师。生活是面镜子，无论是学校还是机关，无论是工厂还是商业街，无论是旅游还是度假，也无论是晚宴还是会议，到处都有着装的生动鲜活案例。男女老少，高矮胖瘦；世俗的、高雅的，浪漫的、文静的，内敛的、豪放的；黄皮肤、白皮肤、黑皮肤、棕色皮肤，林林总总，有太多的例子，既有正面例子也有反面的例子。因此，向生活学习是提高自己服饰搭配能力和水平的最好途径。向生活学习也要善于分析总结，只有通过深入的分析和总结，才能找到有规律、可复制的经验。

2. *成为服饰搭配专家的方法*

（1）注重实践

学习服饰搭配，自我实践很重要。通过不同渠道获得的知识和间接经验，只有通过鲜活的自我实践才能得到验证。服饰搭配很微妙，同样的服装哪怕是穿在年龄相仿，性别相同，形体相近的两个人身上，也会产生不同的视觉效果。原因可能仅仅是肤色不同，气质不同，或者是服饰品点缀得不一样。因此，服饰搭配实践是不可或缺的一个环节，只有通过具体实践，才能理解共性与个性的关系，掌握内在的规律，找到服饰搭配的最好效果。

（2）注重总结

服饰搭配实践是庞杂和零碎的，即使你已获取最有用的案例，如不加以总结，也仅仅是个案，哪怕是最典型个案，都很难有普遍的指导意义。只有对庞杂的、零碎的实践加以总结，才能提取出带有规律性的经验，有规律性的经验才具有可复制性和指导意义。因此，善于总结服饰搭配的生动案例，提取正反经验教训，是成为服饰搭配专家的重要方法。

思考与练习

1. 做个服饰搭配专家需要具备哪些知识和素养？

2. 说一说成为服饰搭配专家的路径和方法？

洞悉服饰形式美

单 元 概 述： 本单元主要是认识和理解服饰形式美。构成服饰形式美基本要素：造型、色彩、材料和图案。在这几个因素中，造型是服饰形式美的基础，色彩是影响服装整体视觉效果的重要因素，面料是服饰形式美的载体，服饰图案对服饰形式美起丰富和补充作用。

单元学习目标： 1.了解服饰形式美要素包括哪些方面。

2. 理解服饰形式美要素的内涵。

3. 掌握服饰形式美要素内在的组合关系。

单元二　洞悉服饰形式美

主题一　服装造型美

一、服装造型与款式

1. 服装造型与款式的概念

服装造型是指服装与人体结合后所呈现的立体效果，多指整体外观形态（图2-1）。

服装款式又称服装式样，是指服装的外形与内部的结构分割、部件设置的组合形象，呈平面视觉效果（图2-2）。

2. 服装造型与款式的关系

服装造型与款式都是指服装的外观，但是从设计学角度，服装造型是一种立体造型，它是由平面型（款式）转为立体型，具有多面造型和动态变换造型的特点。服装款式一般呈现的服装正面或背面的形态特征（图2-3、图2-4）。服装造型统领服装款式，服装款式丰富服装造型。服装的造型美既表现为立体形态美，又表现为平面形态美，是立体形态与平面形态的统一。

图2-1　服装造型关注的是服装与人体形成的整体轮廓

图2-2　服装款式关注的是服装内部的结构

图2–3　相同廓型下不同的款式设计（一）

图2–4　相同廓型下不同的款式设计（二）

二、服装造型美的构成元素

服装的美必须通过与人体的结合呈现出来，任何脱离人体的服装美都是无意义的。在服装美的诸多要素中，造型是基础，点、线、面是构成服装造型的基本要素，这些构成要素在服装造型上起着极其重要的作用，可以表现为抽象形态，也可表现为具象形态。

1. 服装上“点”的构成美

点是小而细的形。从相对论角度，与大的形相比小的形即是点。点既可为具象又可为抽象，既可为平面又可为立体。当我们把点具象化以后，我们可以直观地感受到它的存在，并且可以形象地刻画出点的模样。点可以确定出位置，在造型艺术中，单独的一个点不仅确定了位置，而且能够聚焦人们的视线，产生很强的视觉效果，比如一个人的脸上有颗黑痣，那颗黑痣很容易被我们所注意。两个点可以表示出方向，三个点形成的造型就能够产生视觉上线性的流动感，给人一种时间上先后顺序的系列感，多个点能使人的视线在多点之间移动（图2–5）。当点的排列出现远近和大小的变化时，就会给人一种节奏感和韵律感；而当点是随意排列时则会给人一种杂乱无序、无方向的感觉。因此，不同的点的不同排列形式和组合，都会使人获得不同的视觉感受。

在服装款式设计中，点往往起强调和点缀作用，它可以使服装的某一部分特别突出醒目或使整款、整套服装在造型上达到上下呼应的视觉效果，因而达到一种美化服装的目的，点可以是整款服装的画龙点睛之笔。我们最常见的点的表现形式是首饰和纽扣。

首饰在服装款式中，经常作为点缀装饰形式出现。如耳环、项链、胸针、衣服上的圆珠、亮片等。当一款服装在造型设计上出现不平衡或出现突兀现象时，我们就可以运用一些首饰对服装进行添补和修正，使服装整体上达到视觉的平衡感。例如，当一位女士身着一件华美的晚礼服时，就需要佩戴无论在色彩上还是在造型上都与整款服装相搭配的首饰。如果运用得当，可以使整款晚礼服显得更高贵典雅，凸显女性优雅魅力；反之，就会给人一种不完整的缺憾感。

纽扣在服装中的运用也很讲究，使用得好，往往能为整件服装添彩。一般集中表现在纽扣的扣型、大小、聚散和色彩等方面的处理上。当一件衣服上运用整齐的普通圆形扣，会给

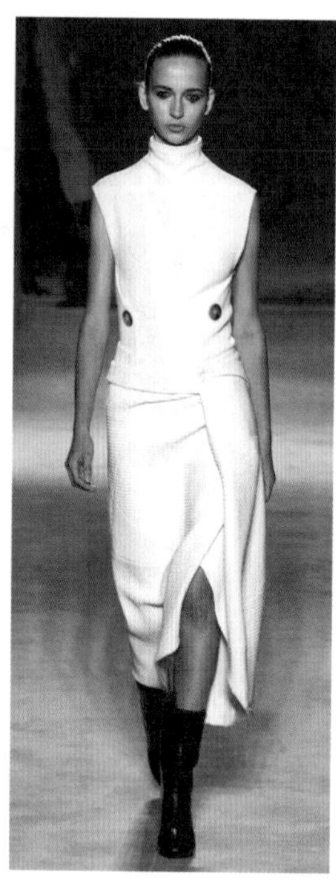
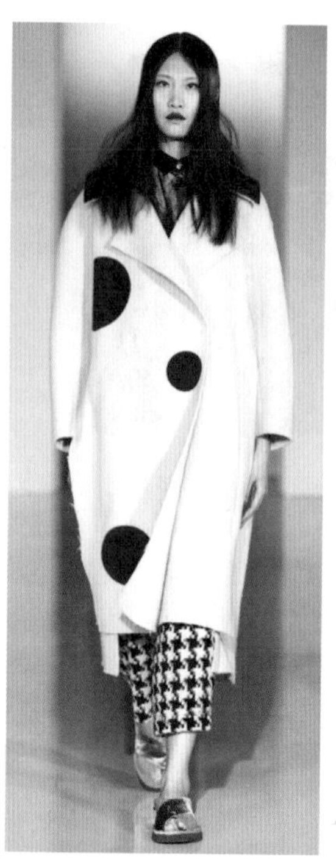

图2-5　点的视觉导向作用

人一种庄重、规整的感觉；如果是运用菱形扣，可能会显得活泼一些。如果当衣服上只有一粒纽扣时，就很容易形成视觉中心，显得格外突出；如果是三粒以上的扣子等距离排列时，就会产生一种均衡和平稳的感觉。同时纽扣有大小之分，我们需要注意其大小之间的比例关系，不能太悬殊。在色彩上，应处理好纽扣与整体色彩的协调性，不能喧宾夺主。但在一些高档礼服或者以纽扣为特殊设计点时，为了突显其注目的视觉效果，可以采用一些颜色、造型大胆的纽扣进行点缀。

在服装款式外形设计上，我们通常可以在人体的颈部、肩部、肘部、腰部、臀部等部位设点，也就是我们通常采用的在服装的轮廓线上设点。依次连接各点后所形成的平面图就是服装的基本结构，可以对服装的廓型进行具体的分割，当去除多余部分，再经过局部的调整和充实，就成为完整的服装款式外形了。通过改变点和点之间的连接顺序还可以形成不同的服装款式，如衣领的大小、口袋的高低、门襟的长短等。

2. 服装上“线”的构成美

在几何学上线是点的移动轨迹，它存在于面的边界、面与面的交接处和面的分割处。其特征是具有方向性和速度感。线的粗细、长短是相对的，通常凭借所处的环境而定。在服装造型中，常用的线型有两种：直线和曲线。

（1）直线

直线在视觉中是一种最简洁、最单纯的线，直线是表现运动无限性的基本形态，给人一种整齐、挺拔、坚强的感觉。直线可分为水平直线、垂直线和倾斜直线三种（图2-6）。

图2-6　不同类型的直线视觉感受

水平直线：水平直线是直线在水平方向上的横向状态，具有广阔、稳定、平静、沉着、理性等特性。在服装造型中，多用于横向的结构分割，如：育克线、横剪接线、上衣和裙子的底摆线、方形领围线、腰节线、口袋线、横条纹线等。在男装设计中，经常为了强调男性的阳刚之美，常常在肩部、背部使用水平线的分割，给人以健壮、魁梧的感觉。另外，在为体形较瘦的人设计的服装中，多用一些水平的横线分割或横向条格图案，也会弥补其单薄、瘦弱的感觉。

垂直线：垂直线是与水平线相对，具有一种向上的力和纵向的动感，能够诱导人的视线沿其所指的方向上下移动，是体现修长感的服装造型的最佳线型。在艺术造型中，垂直线会给人以苗条、细长、冷、硬、上升、单纯、权威、强劲等不同的感受。在服装造型中，常常运用垂直线来增加其修长感。例如：竖条图案的裤子视觉上会增加腿的长度；用竖线条的结构来设计的连衣裙会增强女性身材的窈窕感。

此外，垂直线与水平线相结合能产生丰富、不死板的视觉感受，如果说男装的上装结构多用横线来分割的话，那么下装往往以垂直线来分割空间，使服装相互之间有关联，统一协调。

倾斜直线：倾斜直线是一种能够引起人的心理产生不安和复杂变化感觉的线型。相对水平直线和垂直线而言，看上去有一种不稳定、跳动的感觉。在服装造型中，一般表现为：V字形领围线、倾斜的开口线、倾斜的剪接线、倾斜的皱褶以及多用在裙装中裙摆展开的肋线。另外，一些童装、运动装和艺术性时装的结构处理上多采用斜线分割，使得服装视觉上活泼、动感和富于变化。

（2）曲线

曲线是一种极具韵味的线型，其特征是圆顺、飘逸、起伏、委婉等，具有极强的跳跃感和律动感。曲线又可分为几何曲线和自由曲线。几何曲线是指有一定规律的、在一定条件下所产生的曲线，诸如圆、椭圆、半圆、抛物线、双曲线等。在服装造型中，可用在圆形和椭圆形的帽子、双圆交叠的上衣、多圆构成的裙子、起伏律动的裙摆、圆形图案及其装饰品等。给人一种女性柔美的感觉（图2-7）。自由曲线是指一种没有规律、走向自由奔放的曲线，具有一定的随意性。在女性服装造型中，如门襟、袖子、下摆、口袋以及帽子等，都可运用自由曲线的处理方式，达到自由洒脱、充满弹性和张力的艺术效果，给人以无限的自由空间。

图2-7　曲线产生温柔、流动、委婉的视觉感受

目前国际时装中还流行一种线型，那就是断续线。断续线是一种特殊的造型线，更能给人一种含蓄、跳跃、活泼的不同感受。在服装造型中，常表现于纽扣的排列、手缝修饰和人工刺绣等方面，在童装和女装中经常能看到。当然，目前我们所进行的款式设计都是凭借不同线型交叉混合组合完成的，单纯一条线型产生的艺术效果是有限的。

3. 服装上“面”的构成美

从几何学上说，面是线的水平移动轨迹，是具有一定长度和宽度的空间，是立体界限。通常不在同一方向的任何三点就可以构成一个面。在现实生活中，面可大致分为两类：即平面和曲面。

（1）平面

可分为规整的平面和不规整的平面（图2-8）。

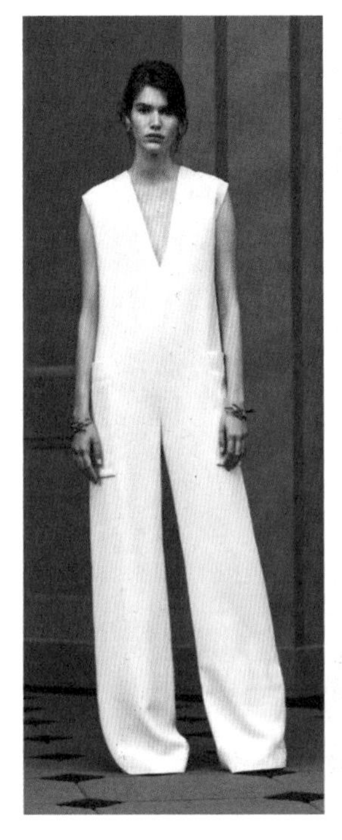

图2–8　规整的平面

规整的平面包括正方形、三角形、多边形、圆形、椭圆形的面。正方形给人牢固、安定、有序之感；正三角形给人稳定、锐利之感；多边形给人多变、丰富之感；圆形和椭圆形给人美好、圆满之感。在服装造型中，不同外形的面能使服装的款式结构千变万化，风格迥异。

不规整的平面有的是以直线构成的直线形平面，也有以曲线构成的曲线形平面。一般以图案或装饰手段出现在服装造型中，起着强化造型、突出主体的作用。

（2）曲面

曲面是通过曲线的运动而产生的，一般分为规整曲面和不规整曲面两种。

规整曲面包括柱面、球面、锥面等；不规整曲面是指各种自由形式的曲面。面是立体的一部分，平面只具有面的特性，而曲面属于立体的范畴。大家都知道服装是穿在人体外部的，人体的外部形态本身就是由各种不同的曲面所构成，所以服装的造型也应由多种不同的曲面组成（图2–9）。总的来说，服装是由各种形状的平面材料构成的多种曲面的立体造型。

综上所述：点、线、面是构成服装立体形态的基本要素，直接决定着服装造型的基本款式。理解和掌握点、线、面的构成法则是学习服饰造型美的第一步。

三、服装廓型

由于服装是以人体为基本形态设计的，人的形态和运动需要直接影响了服装的款式。服装的款式要素中的廓型和结构与体型有着密切的关系。服装的廓型是服装的外轮廓造型。服装的结构是指服装的局部造型设计，是服装廓型以内的零部件的边缘形状和内部结构的形状

图2-9　曲面塑造立体造型

设计。如领子、袖子、口袋等零部件和衣片上的分割线、省缝、褶饰、开襟、边线、沿口、层次工艺等。

服装设计非常关键的表现要素是廓型（Silhouette），廓型作为服饰用语主要指着装的外部轮廓型，即外廓型或外形，包含着整个的着装姿态、衣服造型以及所形成的风格和气氛，是服装造型特征最简洁明了、最典型概括的记号性表示。

廓型具有极其重要的意义。它作为服装的总体造型是服装设计的根本，服装造型的总体印象是由服装的外轮廓决定的。服装的轮廓带给人的视觉冲击力或强度和速度是大于服装的局部细节的，它决定了人对服装造型的总体印象。因此，廓型可以用来区别和描述服装的重要特征。可以塑造服装款式的风格，同时也是表达人体美的主要手段。因此直观形象的廓型曾是时代风貌的一种体现。巴黎高级时装设计师迪奥被称为是20世纪“时装界的独裁者”，1947年他凭借极富传统女性味的“新样式”（New Look）而一举成名，“新样式”，具有“优雅的自然肩线、丰满的胸部造型、草花的茎一样的纤细的腰身、夸张的臀部线条（图2-10），受到了二战后女性的狂热欢迎。此后的10年迪奥相继又推出“垂直线型”“斜线型”“椭圆型”“郁金香型”“H型”“Y型”“箭型”“磁石型”“纺锤型”等不同的服装廓型，领导了40—50年代10年的时装流行。这十年也被称为“型的时代”（图2-11）。

服装的廓型对人体的装饰起着决定性的作用。运用服装外形轮廓重塑理想的身体比例与线条，尤其对肩、腰、臀的主要人体部位进行夸张和强调，可以起到扬长避短的作用。决定廓型的因素有肩、腰部、下摆部位的高度和宽度。

服装外形的塑造与变化是通过各种工艺技法来实现和完成的。如收省、衣片的分割、捏活褶、起波浪、加放松量、开衩、加垫肩等。选择适当的方法既可以缩小服装与人体之间的空间，使之合体显露体型，突出体型曲线，又可以扩大服装与人体的空间，扩张本来的体型形成新的外形。因此外轮廓线的设计可以获得人体美的新创造，最大限度地开辟了服装款式变化的新领域。古今中外千变万化的服装造型基本上是在X型和H型两种基本形上发展变化的。X型是女服的代表形，H型是男服的代表形。X型和H型上部两端的位置表示肩宽，X的交点和H的横线部分表示腰围的位置与宽度。下部的两端表示裙子、外套以及裤子的下摆和底部的宽度。X型和H型两者相互之间的错综复杂的交流变化派生演化出许多特色的廓型。

图2-10　“新样式”（New Look）

图2-11　1947～1957年迪奥（Christian Dior）创造了不同的服装廓型

1. H型

H型的特色是直线造型，具有力量、稳定、生气、刚劲、挺拔的意味，适宜身体曲线线条不明显没有腰身的体型（图2-12）。其长和宽（肩线、腰线、底边线）比例的不同，所构成的外廓型的表情和名称也千变万化。H型上下宽度一样时形成矩形，上窄下宽时即形成梯形或三角形（A型），肩部合身而以胸部到下摆张开的轮廓线。三角形的廓型可以掩盖腰、臀部较大的体型（图2–13）。上宽下窄时就变成倒梯形或倒三角形（V型），特点是人体肩部的夸张超大，下半身显得格外纤细。这种廓型改变了肩、腰、臀的宽度比例，是体型偏瘦得人选择的有分量的廓型，宽阔的肩部亦具有男性化的气质特征（图2–14）。H型左右的两条直线向外凸时，就呈酒桶型、鼓型、椭圆型、卵型，具有柔和完美、封闭、圆滑的意味；浑圆的廓型充满幽默而时髦的气息。这种宽松膨大的造型有着强烈的体积感（图2–15），所以适宜偏瘦不够丰满的体型，而不适合身材娇小和臀部圆润的女性选用。H型向内凹时就变成双面曲线形成喇叭型，公主型，直至X型。

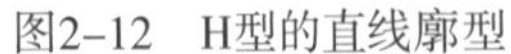

图2–12　H型的直线廓型

图2–13　三角型造型轮廓线

2. X型

特点是平宽肩、细腰，阔下摆，能突出表现成熟女性的特征。这种廓型可以掩饰臀部或腿部体型的不足。X型的变化要素有：第一，X型两个三角型重合点的变化，也就是腰节线位置和形状的变化（图2–16）。腰线位置是决定服装造型上下比例的重要因素，根据在胸下的高腰位到臀围线附近的低腰位之间移动分为高腰身、半高腰身、自然位、半低腰身和低腰身；根据服装前后的关系重合点可以作前高后低、水平或前低后高的倾斜变化。第二，X型上下两条边的宽度变化，即肩和衣摆的宽度，可以形成宽肩宽摆、宽肩窄摆、自然肩宽摆、自然肩窄摆、窄肩宽摆、窄肩窄摆等几种类型。第三，组成X型的两条边线型的变化。随着弯曲程度的不同可以形成丰富的造型样式，如吊钟型、琵琶型、喇叭型、S型等。

X型腰节线位置和形状的变化决定了服装造型的上下比例，调整比例的变化可以掩盖体型的不足。腰围有平腰型、高腰型、低腰型之分，腰围高度的移动使轮廓线上下部的平衡产生变化，如个子矮的人采用高腰型服装调节了上身与下身的比例，看起来会显得个子高一些，同样，上身长的人利用低腰型的服装也会改善上下身的比例关系。如提高腰线可以使腿

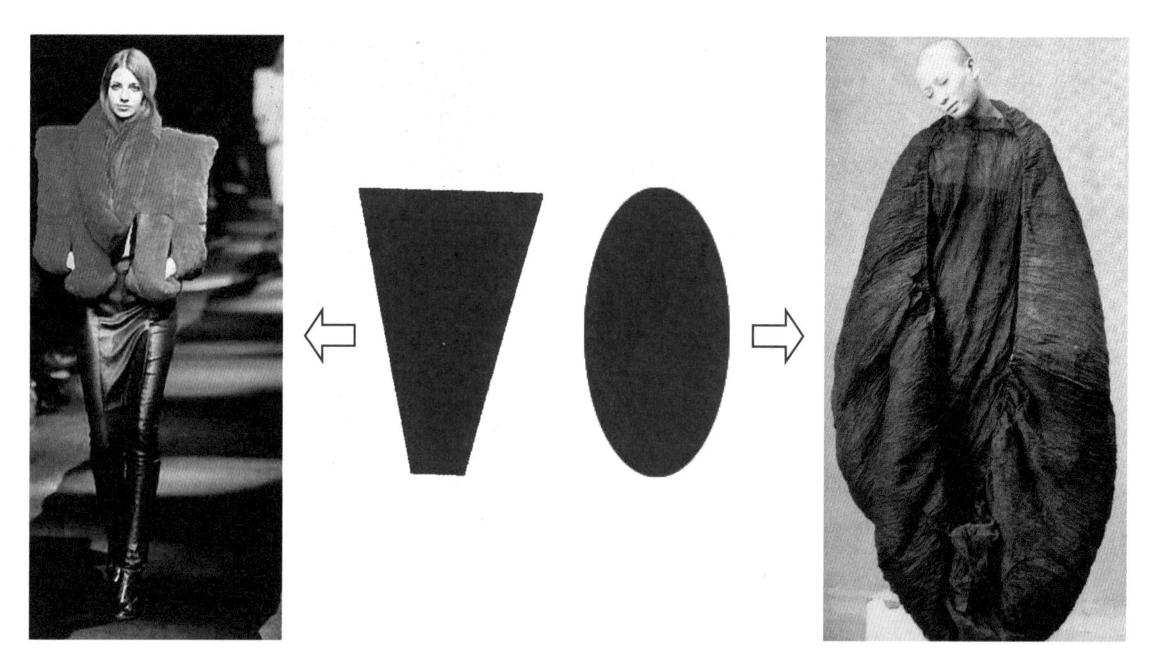

图2-14　V型的造型　　图2-15　椭圆型、卵型的造型

图2-16　X字型的造型

短的人显得下半身长一些，中国古代唐朝的妇女以肥为美，喜服用的儒裙多是高腰节矩形的廓型设计，既模糊了肥胖的腰部和臀部之间的差别，又可以使腿部显得长一些。吊钟型特点是上半身合体，下半身宽松，这种廓型适合上身比例合理而胯部、臀部不够丰满的体型（图2-17）。琵琶型则适宜上半身匀称而臀小腿细的体型、细身型的廓型属于合体的造型，需要胸围、腰围、臀围具有良好的比例，是显现苗条体型的廓型（图2-18）。

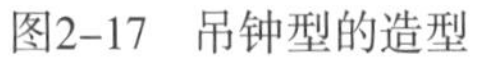

图2-17　吊钟型的造型

图2-18　细身形廓型的造型

X型和H型两者相互之间的错综复杂的交流变化派生演化出许多特色的廓型（图2-19）。

贴身的直筒型，整体上给人修长的印象。在腰身可略作装饰

较为宽松的长方型，肩部是着力点，可掩盖腰臀部的缺陷

宽松肥大的箱型，不适合腰线过长　胯部宽大的选用

夸张躯干长度低腰型，　不收腰，视觉上使腰位下移

Y字型的特点是宽肩，收腰，下半身合体细而直

V字型，肩部夸大，下摆窄小，呈倒三角型

梯型，窄肩，向下至边摆渐宽，呈幕布散落状

喇叭型，自肩部呈直筒至臀围线，向下渐阔，整体上似喇叭型

酒桶型，上下略窄，中间膨大，可以掩盖腰臀的缺陷，体现腿部的线条

气泡型，上半身呈球形，下半身瘦直

马蹄铁型，整体上肩部圆顺，下摆较窄

细身形属于合体的造型，是显现苗条身材的廓型

自然合体的造型。裙部略向下展开

上适下宽型，上半身合体，宽大的下摆富有量感增加了稳定感

X字型的特点平宽肩、细腰、阔摆

吊钟型，上半身合体，胯部、臀部不够丰满的体型

酒杯型，平直肩，向中腰圆曲，裙部细身呈直筒状

琵琶型，上半身紧体瘦身，臀部膨胀夸张，裙摆略收

公主型，上身合体，高腰节，下摆宽大

沙钟型，沙钟是古代计时的工具，紧收腰，上下略圆而松

图2-19　X型、H型变化廓型

思考与练习

1. 服饰形式美包括哪些要素？
2. 何为服装造型？何为服装款式？
3. 服装中的点有哪些？单个点的视觉特点是什么？
4. 服装中的线有哪些？直线、曲线各有什么特点？
5. 服装有哪些基本廓型？每种廓型有些什么特点？

主题二　服装色彩美

色彩是一种大众化的审美形式，它是服装造型艺术的重要表现形式。在视觉感知过程中，色彩往往是第一个进入人们的视觉系统中，俗话说“远看颜色近看花”，说的就是色彩美具有先天夺人的视觉魅力。

一、色彩基本属性

1. 色彩的三要素

熟悉和掌握色彩的三要素对认识色彩极为重要。色彩的三要素是指色彩的色相、明度和纯度。

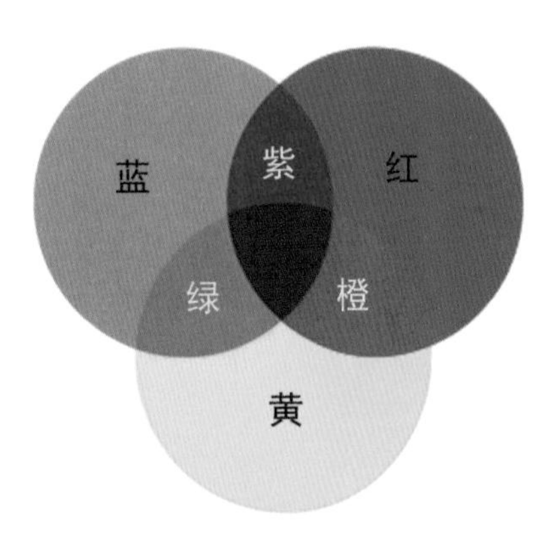

图2-20　三原色

色相，是指色彩的相貌，通常色彩的名称即指某色彩的相貌，红黄蓝为色彩最纯的色彩，称为三原色。绿、紫、橙为间色，是原色相加而成的（图2-20）。人们通过不同的名称来区别颜色。如即使是红色，也有大红、朱红、玫瑰红、深红等不同色彩名称。但是这些色名对于非专业的人员来说很难留下色彩的感性认识，流行色的发布一般使用人们习惯使用的各种物体的固有色名，即惯用色名，如葡萄紫、橄榄绿等，一看色名就能感受到这种色彩的面貌，非常的生动、贴切。颜色的命名方式主要有以下四种，譬如：

①以动物色比喻的色名：鹅黄色、孔雀蓝、驼色、鸡血红、象牙色、猩红色、鼠灰色、珊瑚红、蟹壳灰等；

②以植物色比喻的色名：玫瑰红、桃红、枣红、柠檬黄、橘色、米黄色、杏黄色、姜黄、豆沙色、咖啡色、茶色、棕色、板栗色、亚麻色、草绿色、苹果绿、橄榄绿、藕荷色、丁香色、紫罗兰、茄紫色等；

③以大自然比喻的色名：湖蓝色、天蓝色、月白色、雪白色、沙漠色、土红色、岩石色等；

④以金属、矿物质比喻的色名：金色、银色、钴蓝、古铜色、铁锈红、翡翠绿、琥珀色、朱砂、煤黑色等。

另外，还有一些惯用色名，如胭脂红，祭红，酒红，蛋清色，奶白色，烟灰色等。

明度，是指色彩的明暗程度。就是通常所说的服装色彩的深和浅，亮和暗。每一种色彩都有自己的明度，黑色明度最低，白色明度最高，在有彩色中，黄色明度较高，青色明度较低（图2-21、图2-22）。掌握好服装色彩明度的变化是处理好色彩层次的关键。譬如浅色衬衫配深色西服就是运用明度差来体现着装层次。

纯度，是指色彩的纯净程度，也称鲜艳程度、饱和度。颜色越纯，饱和度越高。反

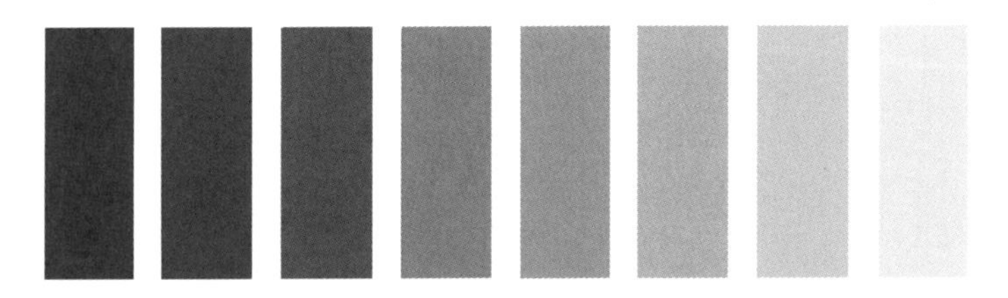

图2-21 明度色标（表示明度的深浅变化）

图2-22 每一种颜色都有自己的明度

之饱和度越低，即指含灰度高。当同一种纯色加入黑白或其他颜色时，纯度就会变低（图2-23）。

图2-23 色彩的纯度变化

2. **色调**

色调，是指色彩外观的基本倾向。色调可由色彩三要素来认知。如从色相角度区分：有红色调、黄色调、绿色调、紫色调等（图2-24、2-25）；从色彩的明度角度区分：有亮色调、暗色调、灰色调等；从色彩的纯度角度区分：有高纯度色调、中纯度色调和低纯度色调等；从色彩的冷暖角度区分：有冷色调、暖色调和中性色调。

图2-24 黄色调

图2-25 紫色调

3. 色彩的象征意义

色彩的美是审美主体的一种心理体验，这种心理体验是基于色彩的物理性和审美主体的生理性，还与审美主体的年龄、性别、职业、所处的社会文化及教育背景相关，同一色彩可能会产生不同的联想。譬如中国人对红色和黄色特别有好感。对色彩的感受不仅因人自身的感观而变化，也因为国家、地域、习俗、宗教、社会风貌等社会因素构成了对色彩不同的感受。人们对色彩的感受形成了人们对色彩的联想，赋予色彩以象征的意义。

人类对于色彩的象征意义有着共同的特征，色彩的象征意义是历史、文化积淀而成的，是人类长期的经验和精神内涵的综合体现，具有相对的稳定性和延续性。在社会行为中显示了传播性或标识性的作用。诗人闻一多曾在他的《生命的色彩》中赋予了不同色彩的象征意义。

生命的色彩（闻一多）

生命是张没有价值的白纸，
自从绿给了我发展，
红给了我热情，
黄教我以忠义，
蓝教我以高洁，
粉红赐我以希望，
灰白赠我以悲哀，
再完成这帧彩图，
黑还要加我以死。
从此以后，
我便溺爱于我的生命，
因为我爱他的色彩。

了解色彩的象征意义对烘托服装的情感气质起着表达的作用，也对不同性格气质的人着装有着暗示牵引的作用。如蓝色清凉、悠远，充满理智，在英文中还有忧郁的意思，是那些谦虚、谨慎、内向、深刻、善解人意的人常选择的色彩；黑色神秘、坚硬、寂寞，是那些心境平和、宁静、高雅、自信有坚韧个性的人的选择。著名的色彩理论家约翰内斯·伊顿说：“对色彩的认真学习是人类使自己具有教养的一个最好方法，因为它可以导致人们对内在必然性的一种知觉力。”只有充分认识理解色彩的意义才能更好地为我们所用。以下是一些主要色彩的象征意义：

红色：生命、喜庆、进步、积极、勇敢、庄严、革命、警觉、危险、禁止、恐惧；
黄色：光明、希望、幸运、理想、发展、智慧、权威、耻辱、下流；
橘色：健康、快乐、胜利、富贵、自由、威严、渴望、决心、暴怒；
绿色：生命、希望、青春、春天、健康、成长、幼稚、和平、安全；
蓝色：神秘、内向、忧郁、大海、天空、安慰、幽雅、沉思；
紫色：高贵、奢华、神圣、优越、虔诚、渴望、不安、庄重；
黑色：死亡、寂寞、绝望、不幸、悲哀、恐怖、永久；
白色：清洁、明快、纯真、朴素、真实、高尚、正直、神圣、信仰；

灰色：消极、阴郁、平凡、温和、谦让、中立、中庸、忏悔。

服装色彩的象征性包含极其复杂的意义。一方面色彩象征体现了色彩联想中“共性”的一面，是人们将这种共性普遍化、一般化后形成的某类特定事物的表达形式；另一方面，色彩象征又受地域环境、民族文化的影响颇深，不同的国家和民族由于传统习惯、风俗、宗教的不同，同样的色彩在世界不同地区往往表示不同的信息。最典型的要数黄色，在我国古代黄色是中央的颜色，曾经成为皇家垄断的“御用色”，是权威富贵的象征；而在基督教普及的欧美，黄色因为是叛徒犹大衣服的颜色而被视为卑劣的象征；在巴西，黄色是表示绝望的颜色；在伊斯兰教中，黄色是死亡的象征。此外，黄色还有未成熟的意思，近年来黄色还被视为安全色。世界各地区对色彩的使用都有自己的喜好与禁忌，如果旅游或会见这些国家的朋友，着装时的色彩选择尤其要慎重。例如紫色在西方宗教世界中，是一种代表尊贵的颜色；但在伊斯兰教国家内，紫色却是一种禁忌的颜色，不能随便乱用，绿色则是最受人欢迎的颜色。

4. 色彩的联觉效应

色彩不仅可以使人产生具象或抽象的联想——即由一种感觉而引起其他的感觉。

（1）色彩的冷暖感

色彩本身没有切实的冷暖温度，色彩的冷和暖是人们心理上的反映。红色、橙色等色彩在人的心理上具有暖的特性，而蓝色和青色在人的心理上具有冷的特性。色彩的冷暖具有相对性。如红色属于暖色类，但当朱红与深红对比并置时，含有黄味的朱红就显得暖，而含有蓝味的深红显得冷。

暖色系：黄、橘黄、朱红、红紫等；

冷色系：蓝绿、蓝青、蓝紫；

中性色系：紫、绿、黑、白、灰（图2-26）。

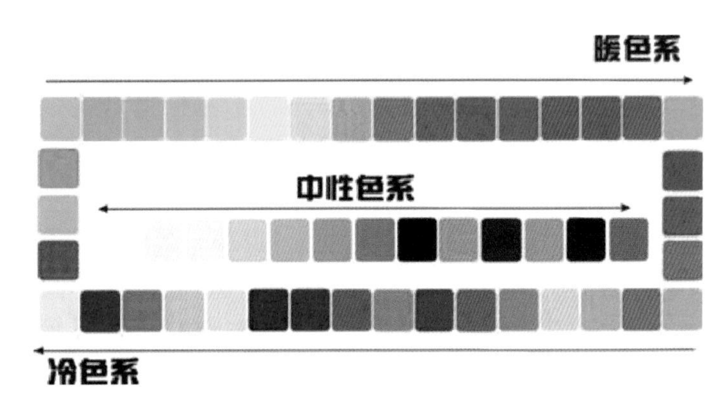

图2-26　箭头指向分别是暖色系、冷色系、中性色系

色彩的冷暖在人的心理上的反映对着装意识起着一定的作用。人们会根据季节的变化选择有不同冷暖感的服装，炎热的夏季选择冷色的着装会增加心理上的凉爽感；寒冷的冬季选择暖色系的着装会增加温暖的感觉。冷色暖色所表达的情感效果是不同的，暖色让人感到兴奋、舒畅，而冷色则让人感到沉静和理智。

（2）色彩的前进与后退

色彩的前进与后退是一种视错觉。相同远近的冷暖色，暖色前进，冷色后退。一般情况下，暖色、纯色、明亮色、强烈对比色等具有前进的感觉；而冷色、浊色、暗色、调和色等有后退的感觉（图2–27）。色彩的前进与后退感用在服装上，可以增加服装色彩搭配的层次感。

图2–27　色彩的前进与后退、膨胀与收缩

（3）色彩的膨胀与收缩

由于视错现象使得有些相同大小的颜色看起来比实际面积大或小。看起来比实际面积大、有膨胀感的色被称为膨胀色；反之看起来比实际面积小、有收缩感的色被称为收缩色。由于波长和明度的关系，明度高的色彩有扩张、膨胀感，明度低的色彩有收缩感（图2–27）。利用色彩明度对比形成的膨胀感与收缩感，可以调节体型的缺憾。如体型瘦小的人穿着色彩明度较高的膨胀色会显得比较宽胖、丰满，而体型宽胖的人穿着色彩明度较低的深色服装则显得比较苗条。

（4）色彩的强度与易见度

由于光对人的视觉神经的刺激程度不同使得色彩的强度也有大小之分。色彩中的艳色、明亮色、强对比色、大面积色、聚焦的色、近处的色等属于强度大的色，而含灰色、暗淡色、调和色、小面积色、分散的色、远处的色属于强度小的色；色彩在视觉中容易辨认的程度称为色彩的易见度。色彩的易见度与光的亮度以及物体的面积大小有很大的关系。一般光亮度越大易见度越高，反之则越低，面积越大易见度越高，反之则越低。色彩的易见度还与图形色与环境色的明度、色相、纯度对比有关。对比越强色易见度越高，反之则越低。利用色彩的强度与易见度可以提高对着装者的关注度。

（5）色彩的轻重感与软硬感

色彩产生轻重的感觉既有直觉的因素，也有联想的因素。黑色会使人联想到铁、煤等富有重量感的物质，白色会使人联想到白云、棉花等物体。通常情况下，决定色彩轻重感的是明度，明度高的色彩使人有轻感，如白色、浅蓝色；明度低的色彩有重感，如黑色。在服装色彩应用的过程中要把握色彩的轻重感。白色的上衣搭配黑色的下装给人以稳重之感，如果是黑色的上装配白色的下装则给人以轻快、灵活的感觉。

明度高的色彩感觉轻，明度低的色彩感觉重。在同明度、同色相条件下，纯度高的感觉轻，纯度低的感觉重。从色相方面看，暖色黄、橙、红给人的感觉轻，冷色蓝、蓝绿、蓝紫给人的感觉重；从色彩的软硬感觉看，凡感觉轻的色彩给人的感觉均为软而膨胀的感觉，凡是感觉重的色彩给人的感觉均硬而收缩的感觉。

高明度、低纯度的暖色系色彩给人以柔软感，低明度或者高纯度及冷色系的色彩给人坚硬的感觉。

二、服装色彩的搭配规律

色彩组合美是有效表现服装风格形象的重要因素。色彩搭配不只是依赖于着装者感性的爱好和兴趣，而是以设计目的和风格等为依据，结合色彩的知识、特性而构建的科学体系。

1. 同类色、类似色、对比色的搭配

色相环是认识色彩的工具（图2–28）。

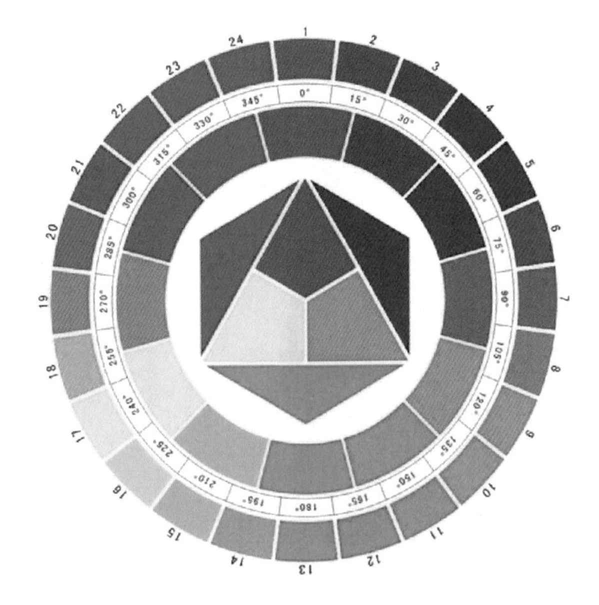

图2–28　色相环

同类色：在24色相环中，两色相距在30度以内的色为同类色。同类色组合容易取得和谐一致的效果，但色彩显得单调。

类似色：在24色相环中，两色相距在30度到60度之间的色为类似色。类似色组合较易取得和谐一致，色彩也不显得单调。

对比色：在24色相环中，两色相距在90度到180度之间的色为对比色。等比量的对比色组合两色反差较大，较难取得和谐一致。

互补色：在24色相环中，两色相距180度则为互补色。等比量的互补色组合两色反差最大，很难取得和谐一致。互补色组合可以使对方的色相更加鲜明。

（1）同类色搭配

同类色搭配符合统一与变化的造型艺术规律，以近似而难以区分的色相形成弱对比色调，其效果单纯，谐调、柔和、高雅，是服装的主要配色手段（图2–29）。尤其在春秋和冬装中内外衣与配饰物的搭配上。可以通过明度的变化或者材质的对比达到理想的配色效果。

（2）类似色配色

类似色的搭配效果活泼，可以弥补同类色相对比的单调感，而且保持了统一、和谐、雅致、柔和、耐看的特点。类似色是具有柔和印象的配色（图2–30）。由于是近似并有相像性格的色相间的组合，所以能够获得自然的调和感和创造出亲密的氛围。

（3）对比色配色

对比色配色是强烈的配色形式，如红与蓝，黄与蓝紫等，因为鲜明的对比使得配色的效果生动活泼、强烈而饱满。这类配色容易造成醒目的效果和华丽大胆的印象，所以成为展示富有青春活力和力量效果的配色形式。两个对比色相构成的服装色彩中，由于色的轻重感而形成的冷暖对比效果具有生动活泼的特点，但是运用的不当也有粗俗幼稚之感，可以通过调节明度、面积对比，降低纯度等方法实现服装整体和谐（图2–31）。

2. 多色配色

（1）色彩间隔法

间隔有分离、隔离之意，在多色配色中，当配色中相邻的色彩过于融合或过于强烈时，可以在相互对比的二色之间插入第三色来进行间隔，间隔法可以改变其色调的节奏，可以使模糊的关系变得明朗、有生机，或者使原来对比强烈的色彩变得舒适、和谐。间隔的色彩可

图2-29　同类色彩搭配

图2-30　类似色彩搭配

图2-31　对比色搭配

以是色条、色线、色块的形式。也可以是黑色、灰色或白色，金色或银色。

服饰品中的围巾、腰带在服装的色彩搭配中常常充当间隔的角色（图2-32）。通过第三色分割或包围的形式，调节调子的强弱，使高调变为中间调，使中间调变为弱调，也可使弱调变为中间调或高调。如上衣和下装的配色属于对立的不调和的配色形式，可以添加一条腰

图2-32　两图是运用色彩分割法配色

饰使对立的两色分离开来，减弱了对比的强度，创造出一种新的调和关系。另外，服装工艺中的镶、绲、嵌等方法也有间隔、过渡、衔接色彩的作用。

（2）渐变法

渐变法是以三个以上的色阶的结构形式，以规则渐变的变化过程引导视觉从一色转到另一色的渐进效果。强调间隔相等，以秩序取得和谐的效果。通常有色相渐变、明度渐变、纯度渐变和色调渐变等形式（图2-33）。

图2-33　色彩由浅到深或由深到浅的渐变，可以取得柔和优美的视觉

（3）优势调和法

也称为同色构成法。在多色配色中，由于色相、明度、纯度错综复杂的关系容易引起色调的不协调，可以采取共同加入一种色彩倾向，来缓和原来的对立状态。由于加入的色彩存在于每个色相中，做到“你中有我，我中有你”，所以会产生统一的谐调感（图2–34）。如现有红、橙、黄、绿四种颜色，在这四种颜色中加入相同的黄色，这四色分别变为红+黄=橙，橙+黄=橙黄，黄+黄=黄，黄+绿=黄绿，四色因为黄色的关联而形成协调感。

图2–34　上衣、裙装以及腰带的色彩因为红色的关联而形成谐调感

（4）透叠法

透明或镂空的面料叠置时会形成新的色彩感觉。二色叠出的色相相当于二色的中间状态，但纯度下降。如黑色叠大红后的色彩感觉接近深红，黑白的透叠形成灰色（图2–35）。

（5）强调法

强调法是服装配色的某一部分使用强调色对服装的整体配色进行牵制。使用强调色可以把人

图2–35　不同深浅明暗的两层面料叠置，形成了新的色彩形式

图2-36　配饰色彩的强调

图2-37　用无彩色灰强调有彩色红

的视线集中到某一部分（图2-36）。构成以这个部分为中心的集中、紧张的印象。如在黑色的晚礼服上缀上红色的装饰花这种配色方法，是在同一类中谋求变化的手段。尤其是职业套装的配色单一过于平淡，可以利用强调法选择一个能起到点睛作用的焦点进行强调，起到活跃整体的作用。常见的强调方法为服饰配件的运用如腰带、头饰、胸饰、领结、围巾，色彩强调的关键是色彩位置的选择，一般在服装的要点部位如头部、领部、肩部（图2-37）。胸部、腰部、臀部等处使用强调色，但是强调饰物和部位不能过多，以防有“多重点则无重点”之嫌。

3. **无彩色和光泽色搭配**

丰富多样的色彩可以分为有彩色和无彩色。无彩色又称为中性色，指只有明度没有色相与纯度的色彩。黑白灰就属于无彩色，无彩色在色彩体系中扮演着重要的角色。其中的黑色与白色是色彩的两个极端，黑白搭配既矛盾又统一。中国的太极图案就采取了这两种色彩，它们相互包围，相互补充，单纯、简练，耐人寻味。

无彩色是许多人喜爱的服装色彩，黑白灰中的任何一色都能作为单一的服装用色。它们可以与任何颜色搭配，也是每季流行色中不可缺少的色彩，很少受到流行色的冲击。无彩色以其自身独特色彩性格成为一种跨越性别、年龄而应用广泛的色彩。

（1）黑色

黑色明度最低，具有庄严、稳重的特点。黑色服装给人优越感和神秘感，是高贵风格的表现方式，如黑色晚礼服。因为它孤寂的特性具有悲哀的象征，因此也是丧服的用色。各种质地、肌理的黑色使得黑色的服装不至于过于单调。黑色属于收缩色而常常被用来作为一种显瘦的工具。黑色也常常被用来表现性感（图2-38）。当代时装设计大师克里斯汀·拉克鲁瓦（Christian Lacrois）曾经这样谈到他对黑色的感受："黑色是一切的开始，是零，是原则，是载体而不是内容。如果没有它的阴影，它的凹凸，没有它的支持，我认为其他的色彩都不存在。"同时，黑色也是所有色彩的总和。它的忧郁性，它的多样性，从来没有完全一样的黑色，比如有：半透明的精致黑，哀悼的阴沉的黑，深沉的、皇室的天鹅绒黑，衰败的平纹绉纱黑，直率的丝绸黑，流畅的缎子黑，欢乐而正规的油画黑。羊毛黑令人联想起煤炭，而黑色的棉织品有一种乡村的民俗感，黑色成为经久不衰的色彩。

（2）白色

白色象征洁白、光明、纯真，既不刺激也不沉默，西方人常选择白色为婚纱的颜色（图2-39）。白色同时具有轻快、朴素、恬静、清洁卫生的感觉，也是夏季人们喜爱的服装用色。白色也显得单调空虚，白色还有不容侵犯的个性（图2-40）。作为一切色彩的基础，白色拥有无限的潜能，清新的白色搭配任何颜色都是那么适合。

图2-38 黑色的薄纱面料呈现出透视的色彩效果

图2-39 白色成为婚纱的主要色彩，有光泽的真丝面料更显的高贵和精致

（3）灰色

灰色是黑白两极色"折中调和"后的中性颜色，是一种柔和而内在的色彩。因为没有沉重之感，灰色显得比较轻盈、柔润，给人视觉上带来稳重的感觉。一位著名的时装设计大师曾说过无彩色当中，最平易近人，而又文雅的就是灰色（图2-41）。由于灰色可以从近似白色到近似黑色之间分出许多层次，所以灰色有着宽泛的色域。不同的灰色具有不同的性格特征，亮灰色具有明朗、高雅、轻柔之感，暗灰色具有含蓄、深沉、重硬的感觉。选择的穿着

图2-40　白色拥有无限的包容力，搭配任何颜色都是那么适合

对象可以从青年到老年。灰色作为一种中庸的颜色，与其他任何色彩相配都不会受到影响，是使人放心的色彩，是一种被广泛地运用于服装上的色彩。灰色更多时候被用于男装，不会太招摇又不至于暗淡。女性巧妙运用灰色能够为自己增添成熟稳重的气质。

（4）光泽色

光泽色指具有金银等金属光泽的色彩，具有很好的醒目作用和炫耀感，所以是出席某些重要场合、宴会的晚礼服常常选用的色彩（图2-42），也是华丽风格的服装中作为点缀和局部配色的重要色彩，光泽色能与任何色配合起到调和的作用（图2-43）。

把握服装色彩整体美的效果，需要注意色彩搭配的秩序，首先取决于主色调的确立，是冷色调还是暖色调，是亮色调还是暗色调。好比一首乐曲有它的主调一样，在服装上表现为占主导地位的与主色调一致的大面积色彩，其他辅助色和点缀色都服从于它。服装色彩的种类一般以不超过两三种为宜。可以利用不同轻重、强弱的色彩面积、比例、质感来调整视觉平衡和满足审美心理（图2-44、图2-45）。

图2-41　灰色西服外形漂亮、线条清晰。灰色更多时候被用于男装，成熟而稳重

4. **色彩搭配与其他因素的关系**

（1）肤色是重要的条件色

服装色彩美，存在于主体与客体，即人与色彩诸要素、衣料诸要素相互生成的对象性关系中。在服装色彩各种因素的协调关系中，人的肤色是决定性的因素，正如中国有句俗话“一白遮三丑”。不同人种的肤色有着明度的差异。在服装色彩的构成中，一般以肤色的明

图2-42　金色的礼服体现了华丽与尊贵的气质

图2-43　金色增加了材质的对比，也缓冲了黑色的沉闷

图2-44　金属色与不同肌理配合形成的视觉冲击

度变化为主色调，以服装色彩的色相、纯度、面料的肌理、面积、形状等因素为副色调，构成综合对比的色彩效果。尽量避免肤色与面料色彩明度弱对比，容易造成人精神萎靡不振的效果。

着装时肤色是重要的条件色。当服色比肤色明亮时，肤色会显得发深，当服色比肤色深暗时，肤色会显得发浅，所以白种人对服色的适应面广。黑种人爱穿鲜艳的、强烈的色彩，与肤色形成强烈的对比，他们服装即使采用的是高纯度、高明度的色彩形式，因为有肤色的黑相衬托也显得和谐。红种人就应该避免浅绿和蓝绿的服色。中国人属于黄种人，易与茶色系、橙褐色系、深蓝色系的服装相配。这是因为茶色系、橙褐色系与黄肤色是同类色、邻近色的关系，显得自然而统一，深蓝色系与黄肤色的成对比色关系，构成了有节奏的明度配色。黄肤色偏黑的人尽量避免深褐、黑紫或昏暗的服色，肤色灰黄的人似乎选择什么颜色都不理想，可以选择多层次的服装穿着，通过多种层次的过渡和变化，可以冲淡服色与肤色的对比关系。对任何肤色而言，穿白色或浅色、小花纹的服装效果都比较好，因为反光的关系，可以使脸部更有生气。图2-46是世界不同民族的不同肤色。

图2-45 现代制造技术也为银色的表现力做出了不少努力，银色的服装变得更加眩目，充满对未来的憧憬和展望

图2-46 世界不同民族的肤色不同

人的肤色有着与生俱来的差异性，后天的美容可以相对地改善不完美的肤色，现代美容也因此发展成为服装配色的重要组成部分。每个人要根据自己的实际情况选择适合自己肤色的化妆品，如脸盘大的人适宜选择比肤色暗一、二级的粉底，以造成缩小脸盘的感觉；苍白或蜡黄肤色的人可选用带点红色的粉底霜，以增加一点光彩；尤其是重肤色的人不能选用对

比非常大的浅色的粉底，容易造成脱节显得过假不自然。另外，口红、眼影、发色等都要和所着服装的色彩相调和。此外，服装的色彩与穿着的环境有着密切的关系，如家居服装色彩的温馨，办公室职业装的色彩要庄重，登山服、滑雪服的色彩要艳丽夺目等。

服装配色是服装的色彩与人的因素相结合的统一的设计，对于每个着装者都有着适合自己体型、肤色气质的色彩体系。这个色彩体系有着相对的稳定性，“适合自己的就是最好的”。

（2）与配饰色的协调

服装配饰包括配件、服饰品等，是构成服装整体的局部性零件，如帽、鞋、围巾、腰带、包、项链、耳环、手镯、扣子、拉锁等（图2-47）。在实际运用中，服装色彩的整体美除了上下装的色彩与质地外，很大一方面还可利用服装的配饰色彩和质感，起到对比和呼应的作用。如果配饰的色彩不协调，还不如不佩戴的好。

图2-47　发饰与背包与服装相呼应，使整套设计显得更加丰富

思考与练习

1. 色彩的三要素是什么？
2. 谈谈色彩的象征意义。
3. 色彩的联觉有哪些？
4. 服装色彩有哪些搭配方法？
5. 服装色彩搭配与肤色、配饰有何关系？

主题三　服装材料美

服装材料是体现服装款式设计的最基本素材，无论何种服装、何种外形，都需要面料来塑造和表现。正如“巧妇难为无米之炊”一样，服饰材料美主要是通过服装面料的质地、手感、光泽、特性等多方面组成反映的。不同材料有其各自的物理特性和视觉特性。

一、服装材料美的特性

1. 物理特性——材料的适用美

材料的保暖、透气、由质感、肌理等引起的接触感，总的体现为适用美（图2–48）。将服装定义为视觉艺术，并不绝对周全，因为作为服装形式美的因素之一，质地不但可以通过视觉，也可以通过触觉来把握，或者说最主要是通过触觉来把握的。当消费者需要认定服装质量的时候，总要摸摸面料，对质感的视觉效果由触觉转化为通感效应。同样是黑色的服装，由于面料的不同，给人的感觉是不一样的，黑真丝面料给人飘逸华丽之感，黑呢绒面料给人富贵高雅之感，黑棉麻面料给人庄重肃穆之感。当然，通感也不是绝对的，视觉与触觉有同一性，也有区别性，开司米与毛哔叽看起来没有什么不同，可是摸起来就不一样了，这就说明通感具有相对特征。触觉首先给人的是舒适与否的印象，舒适感也是快感，快感是美感的生理基础，承认美的自然品性，是唯物主义观点，研究服装质地，最需要从这种认识角度出发。

图2–48　服装材料要适合人体的需要

服装设计大师恩加罗认为面料质地有浓厚的抒情色彩，它不仅仅是一种物质状态，能够发现面料的情调对于设计师来说是基本素质。恩加罗喜欢流动、柔和、女性化的味道，在他看来，材料是混沌而无限的世界，纺织品以线为原料，编织出了人的各种感受，包含了各种变化的表情与不变的表情。正如音乐家面对乐谱、画家面对画布时的感受一样，恩加罗声称自己能从材料中找到自由的心灵与表现动态的喜悦（图2–49）。

意大利著名设计师瓦萨吉认为人体限制了大造型，所以他的作品外轮廓比较固定，没有特别的款式变化，但是依然形成了自己独特的设计风格。瓦萨吉的成功主要是在面料上，不同的质地与肌理产生了特别的效果。

图2-49　服装材料是服装外观美的载体。无论是造型、色彩，还是质感都是通过服装材料来展现

2. 视觉特性——材料的视觉美

从一定意义上说，在现代服装设计中，用材料的性能和肌理来体现其时代风格的作品屡见不鲜。材料本身也是一个视觉形象，为了寻求服装造型的艺术效果，我们要善于捕捉和观察材料所独有的内在特性，不能仅仅局限在寻求材料的物理特性，而是要发觉材料的视觉特性，获取具体的色彩感觉、轻重感觉、质朴与华丽等，将开发材料的审美特性看成是一种艺术创作，英国著名服装设计师亚历山大·麦克奎恩，有英国坏男孩的称号，他反叛的个性通过特殊的肌理表现的淋漓尽致（图2-50）。

当今服装设计思潮受“回归自然”之风的影响，服装材料更丰富多彩。天然纤维尤其受到宠爱，比如，麻、丝、藤蔓、棕榈、花草等材料被设计师们运用到服装造型中。通过利用竹、木、石、贝、金属等物品来装饰和美化服装，表现出设计者追求自然、复古怀旧的心态。这些往往可以获得超越纸面设计所预想的视觉效果。

图2-50　亚历山大·麦克奎恩作品

二、服装材料的搭配规律

1. 同色同质法

同色同质法是指由色彩、材质相同的纯色或花色面料制成的服饰相搭配而形成的风格。同质同色搭配多运用在套装和制服方面，视觉整体感强，和谐统一。但由于面料的色彩和质感过于相同，容易产生单调、呆板的感觉，故常通过造型或采用花色面料加以变化。同色同

质法的可贵之处是大同小异，上下装同色同质，内外装可以有变化，也可以在配饰上做些变化（图2–51）。

2. **同色异质法**

同色异质法是指由色彩相同，材质不同的面料制成的服饰相搭配而形成的着装风格。这种搭配可以很好地体现面料的特性，通过交叠、错位、拼接等多种设计手段突出面料质感的视觉效果（图2–52）。色彩相同、质感不同的组合搭配能够增添服饰的层次感和丰富感，搭配的自由度非常大。

图2–51　同色同质搭配

图2–52　同色异质搭配

3. **异色同质法**

异色同质法是指由不同色彩、相同材质的面料制成的服饰相搭配而形成的风格。由于相同质地带来了相近服用性能，如材料的手感、吸湿性、保暖性、透气性等，穿着者能够体会相同质地的统一感。异色同质法的服饰组合，重点在于色彩的把握。除花型服装面料色彩外，在服饰搭配时，同一套服饰的色彩不宜太多。一般来说，主色占主导地位，搭配色和点缀色占次要地位。异色同质搭配要把握大统一小对比的色彩搭配原则，即色彩总体上统一和谐，局部运用对比色，这样就可获得既统一又变化的视觉效果（图2–53）。

4. **异色异质法**

异色异质法是指由色彩、材质都不相同的面料制成的服饰相搭配而形成的风格。也有人把这种搭配称之为混搭（图2–54）。混搭的自由度比较大，但难度也较大，搭配不好显得杂乱无章。异色异质法最重要的是要把握相同因素，首先要抓住成套搭配的服装风格，无论是色彩还是材料都要服务于这种风格，在此基础上组织色彩和材料。一般而言，主体服装，即上装、下装尽可能使材料和色彩相近，配饰可以保持一定差异，这样的搭配原则是存异求同，尽可能做到同大于异。

图2-53　异色同质搭配

图2-54　异色异质搭配

思考与练习

1. 说说服饰材料美表现在什么地方？
2. 服饰材料的搭配规律有哪些？
3. 如何把握服饰的异色同质、异色异质搭配？

主题四　服饰图案美

一、服饰图案的类型

从广义来说，图案就是指纹样，在服装设计或者是服装文化发展的过程中，服饰图案的出现可以说是服装文化历史上的一个里程碑。它的产生，使服装不但具有自身的实用功能，而且具有一定的审美意义和审美价值，它将人们对美的追求提高到了一个崭新的阶段。实际上，服饰图案的文化根源就是原始的图腾设计，经过悠久的历史发展应用在服饰上，在古代这些是权力和地位的象征，是对神灵的一种崇拜和对美的一种追求，后来随着人们审美意识的不断提高，服饰图腾渐渐地渗透到服装上作为一种视觉艺术形式体现，发展到现在，服饰图案的类别呈现出百花齐放的景象，其范围更加广阔而深远。

服饰图案和其他的装饰图案之间的关系是辩证统一的，它们都共同具有对实物装饰的作用，从而提升实物的艺术审美价值和美学意义，加深和丰富实物艺术美感的内涵。然而，它们又有着各自的独特之处，服饰图案的服务对象是服装，因此，它的作用具有专一性，用途也比较明确，装饰的手段也是特有的。

为了使服饰图案具有一定的空间感和立体感，我们可以从平面和立体两个方面入手，对其进行分析。一方面，如果图案装饰的效果体现的是平面感的，多用图案纹样来设计，那么，这就叫作平面图案，这种装饰手段是服饰图案中最常用到的装饰方法，例如，刺绣、喷绘、扎染等。但是有一点是我们不可忽视的——面料的图案装饰设计，也就是服饰图案的特有属性，因为服饰图案大多数是附着在面料表面上的，然而，面料本身就是服装设计和服饰图案的一个重要组成部分（图2–55）。服装是离不开面料的，所以要进行服装设计就必须先考虑到对面料的选择。另一方面，如果服装上的装饰图案具有立体感，并且具有一定的三维空间结构，这就是立体图案。比如，纽扣带襻、胸花别针、面料的立体镂空等。这些平面图案和立体图案都使服装在设计上能有更多的创新和更广阔的空间（图2–56、图2–57）。

图2–55　服饰图案的平面形式

图2–56　服饰图案立体形式

图2–57　服饰图案的针绣形式

1. 服饰图案

服饰图案是服饰及其配件上具有一定图案规律，经过抽象、变化等方法而规则化、定型化的装饰图形纹样。

2. 服饰图案的特征

服饰图案具有统一性、工艺性、饰体性、动态性和再创性的特征。

3. 服饰图案的分类

①按空间关系分，可分为平面图案和立体图案。

②按构成形式来分，可分为单独图案、连续图案（二方连续与四方连续）。

③按工艺分，可分为染、缀、拼、绣、镂、抽褶、立体造型等。

④按素材分，可以分为人物、风景、花卉、植物、动物、抽象图案等。这其中按素材不同又可以细分，如动物可以分为龙凤、狮子、麒麟、鹿、象、十二生肖、仙鹤、鹭鸶、鸳鸯等；人物又可分为戏曲人物、神仙人物、历史人物等。

以上从空间、构成形式、工艺、素材等方面对服饰图案进行了分类，角度不同，分类方式也不同。新技术、新思维、新视点的出现，将会产生更多的分类标准。

二、让图案表白

无论是平面图案还是立体图案，也无论是何种形式、何种加工方式或何种题材，服饰图案的一个共同特性就是图案体现了人们美的诉求。服饰图案的千差万别，展现了文化的多元性和审美的丰富性。

1. 服饰图案的文化特性

中国古代服饰的“十二章”纹样有着丰富的内涵，西周以来“十二章”纹样被历代皇帝所用，它是中国古代王权的标志（图2-58）。这十二种纹样分别是：日、月、星辰、

图2-58　帝王十二章图案

山、龙、华虫、宗彝、藻、火、粉米、黼、黻。上玄衣六章：日、月、星辰，取其照临，如三光之耀象征帝王统治天下；山，作山形，取其能云雨或镇定的性格；龙，取其变，象征人君应随机布教而善于变化；华虫，作雉形，亦即华丽的鸟，取其纹彩，表示王者有文章之德。下纁裳六章：宗彝，即虎蜼，虎取其猛，蜼取其智；藻，即水草，取其洁，象征冰清玉洁之意；火，火焰向上有率领百姓君王之意；粉米，作谷粒形，取其滋养，象征有滋养之德；黼，为斧形，刃白身黑，取其有割断之意；黻，为两已向相背，黑轻相次，有背恶向善之意。后来的服饰制度基本确立为：天子的服装十二章纹，诸侯只能使用龙及以下八种纹样，大夫用藻、火、粉米纹样，士用藻、火纹样，平民服饰上不准有纹饰，称为“白丁”。

服饰图案的文化特性在不同民族的服饰中都有很集中的体现，古今中外，例不胜举。如今随着世界各国交流的增多，文化的多元逐渐走向文化包容和文化融合，服饰图案也不例外，服饰图案更加体现人们的审美追求（图2-59、图2-60）。

图2-59　俄罗斯族服饰图案

图2-60　景颇族服饰图案

2. **服饰图案的审美特性**

服饰图案的审美性是基于图案本身的审美特征。有的图案风格婉约，有的图案风格典雅；有的图案风格浪漫，有的图案风格理性；有的图案风格田园，有的图案风格烂漫；有的图案风格古典，有的图案风格现代。图案的审美样式十分丰富，而且还在发展之中，加上运用不同的制作方式，服饰图案充分展现了人类的审美创造。服饰图案浓缩了各种不同的语义，无声地诉说着穿着者审美追求。需要重视的是选择不同图案的服饰着装，千万不可随意，它在不经意间已经向他人表白了你的点点滴滴（图2-61～图2-63）。

图2-61　图案与色彩展现了着装者爽朗的心情

图2-62　满身花卉图案的旗袍，不分国籍尽显女人魅力

图2-63　暗色图案的晚礼服尽显夜色浪漫

思考与练习

1. 服饰图案是如何分类的？
2. 谈谈如何利用服饰图案表达审美风格？

探究服饰搭配的秘密

单 元 概 述：掌握服饰搭配必须了解服饰与人的关系以及服饰搭配美的规律。服饰与人的关系表现为服饰与人的自然属性和社会属性的关系。服饰与人的自然属性的关系，表现为服饰必须满足人的尺度和人的运动。服饰与人的社会性的关系，体现为服饰必须与穿着者的身份、地位、气质、爱好、性格、职业等社会因素相一致。美的服饰搭配是对“比例、对称与均衡、节奏与韵律、呼应、对比与调和、主次与虚实、多样与统一”等形式美法则的认识和掌握。掌握服饰搭配还必须了解服装风格的类型，理解服装风格与着装主体人的关系。

单元学习目标：1．了解服饰与人的关系。

2．理解并掌握形式美法则。

3．能够运用形式美法则实践和指导服饰搭配。

4．了解服装风格的类型，理解服装风格。

单元三　探究服饰搭配的秘密

主题一　服饰艺术的表现对象

服饰艺术是指人类通过服装鞋帽、化妆品、首饰背包等有意识的着装行为来对自己进行美化的一种艺术。目的是根据个体特征塑造美的形象，满足物质生活和精神生活。这也是人类不同于动物的外在区别，不仅传达了个人的外在美和内在美，还体现不同地区和民族文化的社会美。

一、服饰与人的自然属性

人的本体属性包括人的自然属性和社会属性。人的年龄、性别、人的身体（脸型、体型、肤色、发色）等都属于人的自然属性。而人的身份、地位、气质、爱好、性格、职业等属于人的社会属性。在人的本体属性中，人的自然属性是着装艺术的基础。服装工艺中的规格设计和结构参数设计都是根据人体的自然属性而定的。

1. 人体

人自然属性中的人体通常是指人的体型。人体的构成形态千差万别，不同的人体有高矮胖瘦，有着不同的肤色、腰身和三围比例。一方面人体作为服饰的依据对象具有“唯一性”的特点。就像世界上没有两片相同的叶子一样，也没有体型完全相同的人；另一方面作为服装的载体，人体也是人类从出生到死亡都无法更换的基本素材。

图3-1　人体是服装艺术表现的核心

人体是服装艺术表现的核心，美化人体是服装艺术的基本作用之一（图3-1）。CK牛仔（Calvin Klein Jeans）作为卡文克莱的二线品牌，具有性感、年青的风格。作为特色款式的紧身低腰牛仔裤系列，裤型的裁剪非常贴合人体的曲线。服装艺术首先必须以人体造型结构及人体功能为依据，重视具有普遍性特征的造型特点，然后才融进审美的意识、时尚的色彩和质感的表现等。比如身高较矮而且上身偏瘦、下身偏胖的体型的人着装首先应选择适宜自己体型特点的A型服装廓型，其次再做色彩和面料选择。人体的唯一性特点也决定了服装艺术表现的宽度与广度。人体的结构、运动机能决定了服装的基本形制，而着装者的脸型、肤色、发色等成为穿着者选择与评价服装色彩的生理依据之一。

2. **性别**

在人的自然属性中除了人体的因素以外，性别因素对人的着装行为产生了很大影响。男性身材一般高于女性，皮肤较厚，骨骼粗壮，肌肉发达，肩膀宽阔，骨盆狭小，服装款式视觉的重点一般强调肩部，外轮廓造型也以T型和Y型为主。男性刚强果断、矫健稳重，充满活力，其服饰色彩多以不引人注目的蓝色和黑白灰等中性色为主，服装的装饰细节少而精致，服装工艺强调裁剪合身和做工质量，面料多是质地密实或挺括舒适的棉、毛、麻等材料，纹样也以条纹和格纹等几何纹样和抽象纹样为主。而女性则相对纤弱细巧，皮肤细腻光滑，肩膀较窄，脂肪丰满，胸和腰臀部曲线起伏大。女性特征服装的设计表达主要集中在性别特性明显的胸、腰、臀部的处理，外轮廓造型以X型、A型和S型为主。女性文雅柔弱，感性，丰满，其服饰色彩丰富，如粉红、淡绿、浅豆沙、烟灰色、本白等，面料多选择质地轻薄、手感柔软的品类，服装款式精致而富于装饰。性别的不同还导致男女拥有不同的思维方式和价值观。比较注重形象思维的女性关注服装形式的变化，而注重抽象思维的男性则崇尚服装线条的简洁；男性更注重自我价值在工作能力方面的体现，对社会的关注程度高，心理上受到时装流行变化的影响小，而女性则较重视自身的形体和时装所产生的对自我魅力的增强。女装在服装的款式色彩变化上永远比男装要热闹的多（图3-2）。两性不同的生理和心理特征决定了男装和女装的基本格局。

20世纪以后随着社会科学的进步和妇女运动的深入，出现了中性化主题的服装形式，男装和女装的式样不具有明显的差异性，甚至可以互换（图3-3、图3-4）。20世纪20年代的“男孩子风貌”是较为早期的运用男装因素的女装风潮。1967年，伊夫·圣洛朗将中性的概念引入服装设计，80年代，意大利设计师乔治·阿玛尼大胆将男西服特点融入女装设计中，在两性性别越趋混淆的年代，服装不再是绝对的男女有别，乔治阿玛尼（Giorgio Armani）的女装打破阳刚与阴柔的界线，引领女装迈向中性风格（图3-3）。90年代，以古驰为首的男性化女装潮流开始蔓延开来（图3-4）。20世纪60年代提出的孔雀革命（Peacock Revolution）指男性时装渐趋于华丽的倾向。因雄孔雀比雌孔雀更美，借此比喻，孔雀革命是无性别风貌的一种体现。男装和女装之间的界限也变得越来越模糊。

图3-2　女装无论是从服装的廓型、色彩、面料、装饰工艺等方面都展现了女性气质

3. **年龄**

人的自然属性中的年龄因素是影响穿着审美效果的重要因素之一。常常有人评论说“某某穿这种

图3-3　阿玛尼2019春夏服装

图3-4　女性化男装

颜色显得老气”，人的各个年龄阶段几乎都有相应的服装审美判断。儿童天真活泼好动，适宜选择纯度高而明快的色彩；少男少女对衣服的款式和色彩开始有了自己的喜好和主张，倾向于选择具有鲜明时代感的新潮服装；青年大学生各方面都趋于成熟，体态丰满，精力充沛，男生大都喜欢运动和休闲风格的服装；成年人已具有独立的经济能力，对服装有着自己的价值观，会依据自身的体型、个性、气质和生活方式做出理智的选择判断；中年人对服装的面料质地和色彩工艺都非常讲究；老年人代谢功能下降，喜欢庄重、素淡的色彩，注重服装的实用功能，如保暖、吸汗、保健等功能。

二、服饰与人的社会属性

人类进入阶级社会以来，服装就成了“辩等威，显贵贱”、稳定社会秩序、规范伦理道德的重要工具，中国古代帝王所着饰有日、月、星辰、山、龙、华虫、火、宗彝、藻、粉米、黼、黻12种图案（称为十二章纹）的冕服服饰（图3-5）。早在夏商、西周时代就形成了冠服制度，以后的各朝各

图3-5　十二章纹服

代都对衣冠服饰的等级差异作了明确的规定。身份地位的高低呈现于色彩和纹样的微妙变化之中。如黄色和龙纹图案曾经是普通人不可逾越的形式；古希腊梭伦的法令规定希腊妇女一次只能穿三件衣服；古罗马法令规定不同的社会阶层穿着不同色彩和质地的布料，农民只许穿一种颜色，官员是两种，高级官员三种，而王室成员七种颜色；17世纪有些欧洲国家以拖裙的长短表示穿着者的等级，王后的裙长15.5米，公主的裙长9.1米，其他王妃为6.4米，公爵夫人为3.6米；中世纪的法律还规定了鞋尖的长度。

今天的人们已从传统的生活方式中解脱出来，生产力和科技的发展使得物质生产资料富足充裕的同时，给人们的思考方式和行为方式都带来了深刻变化，同样也影响了人们的穿着行为，人们用自己的想法构筑自己的生活观念，重视兴趣，尊重个人生活。服装同其他艺术形式一样成为表现美的手段，成为实现自身存在价值的介质（图3-6）。人们通过对服装的创造、变革，表现个性的解放和对美的追求。服装的机能也重点体现在生理机能和心理机能等方面。生理机能包括对气候及外部环境的防护和对动作的适应功能，如保暖、吸汗等实用功能，心理机能是作为社会人为适应所处的社会人文环境具备的功能，心理机能体现了服装的装饰性和象征性。“人是社会的人”，处于现实生活中的人有着不同的身份、地位、气质、爱好、职业和性格的社会属性。不同的服装样式反映了着装者不同的社会角色和地位。“以衣取人”是人们习惯通过对一个人的衣着服饰判断而形成某种印象。服装对每个人来说就是一封好的“介绍信”。英国社会学者喀莱尔说过：“所有的聪明人，总是先看人的服装，然后再通过服装看到人的内心”。美国一位研究服装史的学者说过：“一个人在穿衣服和装扮自己时，就像在填一张调查表，写上自己的性别、年龄、民族、宗教信仰、职业、社

图3-6　现代社会的快节奏生活，使简洁而可搭配性的现代服装成为人们最喜欢的选择

图3-7 职业装具有识别的意义

会地位、经济条件、婚姻状况，为人是否忠诚可靠等。他在家中的地位以及心理状况等”。尤其在现实生活中，对人认知的第一印象在人与人相互交往中起着重要作用。如新生入校初次见面的印象，就职面试或与异性朋友的初次约会的印象等。在穿着者和观察者的关系当中，服装起着向对方表现自己内心世界非语言交流的作用。人们注意着装的意识也越来越强。

服装的象征性还体现在常用来标识穿着者的职业（图3-7）。这点在各种制服中表现尤为突出。制服是区分各个社会集团的形态性象征物，具有标识或区分的功能。美国著名的心理学家卡尔·罗杰斯说：“制服是划分和辨别人类分工最鲜明的特征之一，它代表了你的社会身份。”某些职业有较明确的职业服装，如护士、警察和厨师，甚至在世界范围内有近乎标准化的统一标识。不同的国家和地区可能会有一些微细的区别，或者是顺应时代的特征在款式和色彩方面稍稍有一点时尚的成分。西方国家长期以来也以蓝领和白领区分体力劳动者和脑力劳动者。现代许多公司企业也规定员工穿着与企业形象相统一的工作服。

思考与练习

1．人的自然属性与着装关系如何?

2．人的社会属性?

主题二　人体与衣装

服装的活动是围绕人体概念展开的，服装的穿用也必须依附于人体形态的限制。虽然自古至今人体的形态特征变化是相当缓慢的，但在人体与衣装的关系上，因为地域、文化、价值体系等的不同差异构成了不同的服装风貌和形态。

一、服装与人体的关系

对于服装与人体的关系，东西方服饰文化不同的审美价值体系体现了人类对服装与人体关系的不同态度。在欧洲文明的发源地古希腊，古希腊人把强健的人体看成是一切善与美的本源。古希腊众多的雕刻与绘画都热情讴歌了人体之美，“人是万物的尺度”的价值取向决定了古希腊的服装成为展现人体美的衬托品（图3-8）。然而文艺复兴时期的300年里，西方服装建立了人为化的造型模式。它与古希腊代表的自然的服装风格形成强烈的对比。从此，人们开始按照自己的标准去改变自然形状，也使服装的形式获得了更大的自由（图3–9）。

图3–8　古希腊雕塑

图3–9　文艺复兴时期的服装

源于内陆文明的中国传统文化的核心是“天人合一”的哲学思想，中国服装文化注重形的内涵，强调线形和纹饰的抽象寓意表达，服装成为象征礼仪、道德和法度的重要介质。具有浓厚的社会政治伦理倾向。中国的服装在“宽衣博带”的隐蔽形式下淡弱了对人体内容的关注，表现的是庄重含蓄的神韵之美。林语堂先生曾有深切的领悟，他说：“中装与西装在哲学上的不同之点就是，后者意在显出人体的线形，而前者意在遮隐之。”十三世纪初期西方服装确立的立体三维的裁剪方法成为东西方服装的分水岭，从此，西方服装变得立体，服装造型体现体形美。而中国直到二十世纪三四十年代受到西风东渐的影响，风行于有“东方巴黎”之称的上海的改良旗袍，才让中国女性第一次体会到曲线美。月份牌的美人画中上海20世纪20～30年代烫发、穿旗袍的美女形象，透露出清末民初时装化新女性的时尚、情趣和格调（图3–10）。

图3–10　月份牌的美人画

在对待服装与人体的关系上，人类在各自的文化环境中，不同程度的付出了沉重的代价。西方自文艺复兴以来，女性开始使用紧身胸衣把腰勒细，历时达五个世纪之久（图3-11）。在英国伊丽莎白皇后及法国美狄奇时代，有一种最残酷的服装——铁制紧身胸衣（图3-12）。这种铁甲似的紧身胸衣为前后，左右四片构成，前中央和两侧以合页连接，穿时在后背中心用螺栓紧固。也有以前后两片构成的，一侧装有合页，在另一侧用钩扣固定。法国国王亨利二世的王妃卡特琳娜认为最理想的腰围尺寸应是13英寸（约33厘米，相当于中国的1市尺）。当时只要想进宫的女性必须保持13英寸的腰围，很多贵妇人为此拼命勒细腰，导致贫血休克昏厥的事屡见不鲜。紧身胸衣人为的强制性地改变了女性的体型，严重摧残了女性的健康，紧身胸衣的长期使用，人为强制性地改变了女性的体型，摧残了女性的健康（图3-13）。图3-13（a）为正常女性人体与长期穿用紧身胸衣后变形的女性骨骼比较（1793年画）。图3-13（b）为1904年的正常女性人体与长期穿用紧身胸衣的女性人体的解剖学比较，紧身胸衣不仅使骨骼严重变形，而且使内脏也发生了位移（①肺、②肝、③胃、④大肠、⑤小肠、⑥膀胱）。

图3-11　紧身胸衣和裙撑

图3-12　16世纪的铁制紧身胸衣

在中国，女性几千年的缠足历史，给中国古代女性带来了肉体和精神的双重伤害，“小脚一双，眼泪一缸”，中国女性几千年的缠足史是一种人性扭曲了的畸形风尚。“三寸金莲”成为那个时代的审美评断（图3-14）。少女从三四岁就开始缠足，与此相伴一生。脚的大小和鞋的外形成了那个时代衡量美的标准。

在西方服装史中，20世纪初在巴黎时装界被称为“革命家”的设计师大师——保罗·波烈（Paul Poiret）是位重要的人物。他把妇女从数百年来束缚女性的紧身胸衣中解放出来。他

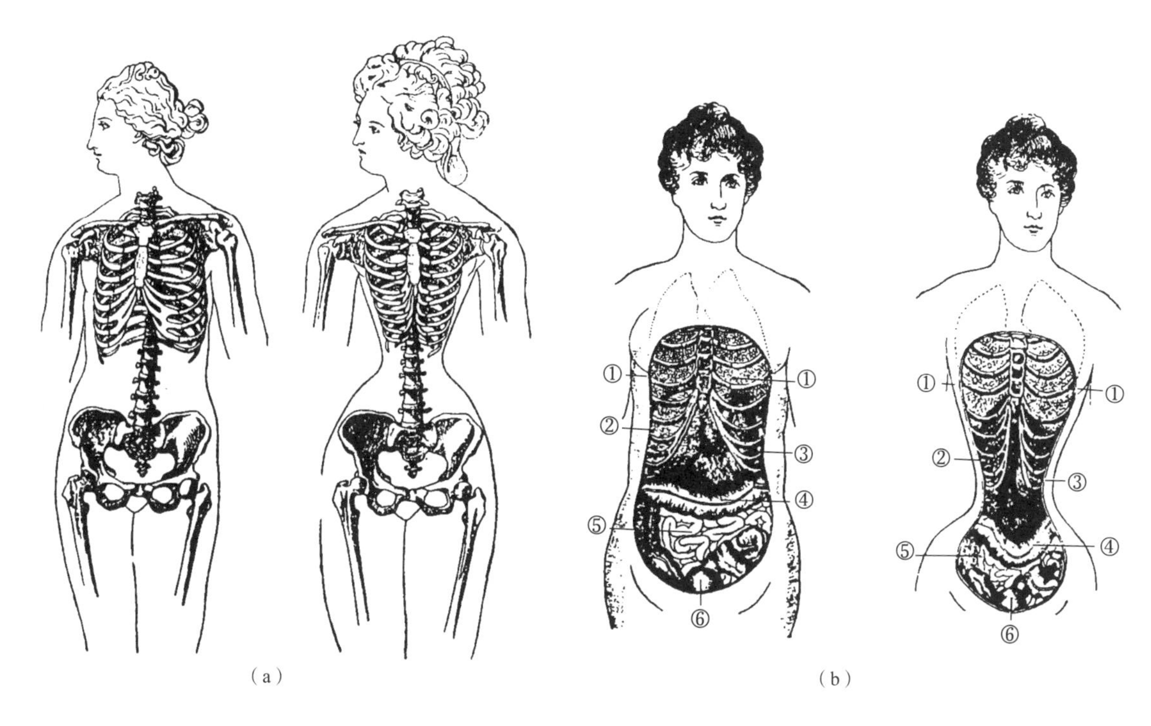

（a）　　（b）

图3-13　女性人体骨骼

把服装设计核心放到女性身体的自然表达上，认为自然美才是真正的美。他一改统治了欧洲服装几百年的曲线造型，使直线重新回归统治地位。这一革命性的举动，奠定了20世纪流行的基调，腰身不再是表现女性的唯一存在，这在服装史上具有划时代的意义。也为近代服饰的发展奠定了坚实的基础。20世纪的巴黎时装设计大师香奈儿（Chanel）更是成为指导现代女性方向的重要人物。她把服装设计以男性的眼光为中心的设计立场改变为女性自己的舒适和美观为中心的立场。这也是她在时装史上做出重大贡献。这一革命化的改革使时装设计能够更好地为使用者服务。女性服装表现了自信和坚强，而女性化和自由设计的原则是通过剪裁和比例使身材的优点得到强调，从而使身材更有吸引力。香奈儿设计的核心是服装的灵活性和机动性，她的设计是跟随人体而变化的，是按照人体来设计，而不是人体屈就于她的设计。她希望她的服装能够和身体完全吻合，服装能够成为身体的一个部分一样，人的美才能够达到最高的境界。香奈儿因此也被称为“运动型之母”。香奈儿对现代女装的形成起着不可估量的历史作用。香奈儿确立了20世纪服装的基本轮廓的尺度：紧凑简练，突出功能，合身适体，活动自如，服装的轮廓忠实于人体的体型轮廓尺度，实现了由人适应服装廓型到服装廓型适应人的转变（图3-15）。

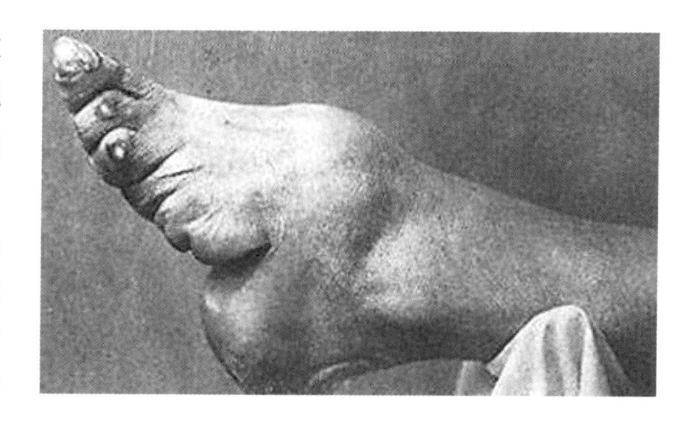

图3-14　三寸金莲

图3-15　香奈儿时装

二、着装——“内外形式”构成的立体效果

服装设计是依据人体的形进行设计的一门艺术，“量体裁衣”道明了服装的规格设计和结构参数对人体的依赖性。因此服装的造型形态与人体的造型结构有着密切的联系。服装作为依附于人体的存在方式，也包括两个紧密相连的方面：一是人体构成要素的结构方式，称为“内形式”，即人的形体；二是与内形式相关联的外部表现形态，构成直观性的外部风貌，称为“外形式”，即服装的样式。着装者的最后形象是内外形式构成的立体效果。“内形式”受到作为基本要素的“人”的制约，其形态上是相对不变的。而对于“外形式”人们通过对服装的材料、色彩、样式、制作工艺等构成要素的设计变化，创造出千姿百态的艺术效果。

着装是由“内外形式”构成的立体效果形象，所以同一样式（外形式）的服装对不同的人来说可能会形成不同的视觉印象。着装对象应根据自己的身体形态（内形式）选择和谐相配的服装形态。着装与衣服的区别在于着装是指人与衣服发生关系的过程。大多数人都有着自己偏爱的服装风格和款式，但不一定就是适合自己的。着装者应理智、客观的根据自身的性格、品位、职业、年龄等个人属性，选择、搭配、增减、协调，注重着装后的实际效应，要符合自己的形体、气质、肤色等综合内容，适合自己的才是最好的。

服装是以人的着装来体现它的形态的。人具有一定的体积使得服装的外形呈现空间立体的形态，所以服装也是一种空间视觉形象。著名的服装设计师克里斯汀·迪奥（Christian Dior）在论述服装与人体的关系时，认为服装是以人体为基准的立体物，只有通过人的穿着才能形成它的形态，而且随着人体活动而活动，从廓型、色彩、结构及工艺上追求服装与人体之间“人衣合一”的最佳状态，体现了内外形式的完美结合。是具有时间变化的时间造型（图3-16）。“表现在时间特征上”指通过时间知觉而获得审美的领悟。时间特征表现在服装的运动形式与运动方向上。构成服装的诸要素如线条、比例、节奏等会因人的活动变化

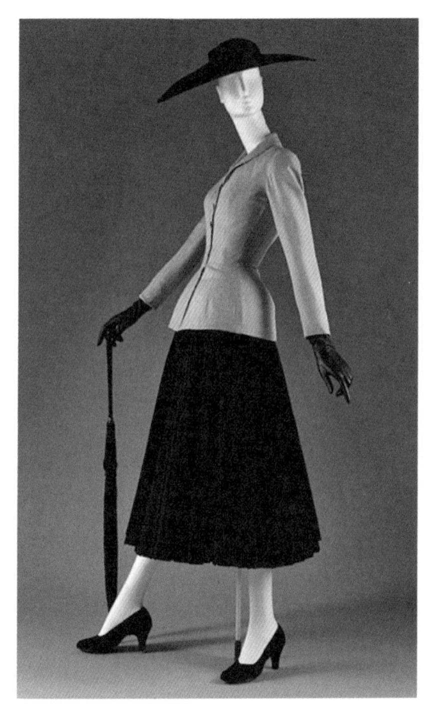

图3-16　迪奥的高级女装现收藏于纽约大都会博物馆

产生时间性变化，时间性的变化会不断变换服装形态的视觉结构，从而形成新的造型关系，日本时装设计大师三宅一生的设计作品展现了东方精神与现代科技的结合，通过对材料进行揉、缠、压、蒸等工艺处理，创造出特殊美感的“一生褶”。这种造型极度简洁、外观肌理丰富的面料与人体高度吻合，体现了人体与服装的和谐之美，也体现了时间性的变化不断变换服装形态的视觉结构（图3-17）。“服装空间审美意识”也成为近代的一个重要概念。1930年意大利女装设计师夏帕瑞丽（Elsa Schiaparelli）指出：“时装设计应具有如同建筑雕塑般的空间感和立体感”。

对于消费者而言，所买衣服基本均为要穿的衣服，单纯的评价模特身上的服装好坏对于绝大多数消费者并无多少实际意义。服装所针对使用者的人体是有差异性的，譬如日常生活中的成衣就是按照某一地区人体指标的平均值确定号型尺寸的。而每个人的体型均不相同，由于这种使用对象的特殊性，同样的服装穿在不同的人身上会有不同的效果。所以着装必须考虑着装者的体型、比例等因素。

三、人体比例与衣装

1. 人体比例

自古希腊以来，强调比例关系的调和、匀称、便成为艺术审美价值所追寻的理想准则。人体也与自然界的其他动植物一样，具有左右基本对称的特点。古希腊时期认为“人的形体必须按照一定的比例尺度，来寻求出一种具有结构性和规律性的形体美”。文艺复兴时代的达·芬奇还对人体结构作了精深研究，1492年还发表了“人体比例图”阐述了他对形体尺度

图3-17　三宅一生作品

美的看法。“黄金比例”是当时最具代表性的观点。黄金比例直至今日还被认为是最美最谐调的比例，并且广泛的运用于造型设计之中。

人体比例是人类在认识自身的肉体所具有的外形美过程中的一种方法。通常主要指人体的长度比例，是以人体的一部分为基准，求与同一人体的全身长及其他部分之间的比。人体比例从一个角度表示着人体的体型特征。表示的方法有多种，从古至今，头和手常被用作人体比例的计量单位。埃及时代，以手（第三指长）作为人体比例的标准，希腊罗马时代以头作为计量单位。但是最为大家所熟悉的还是以头高为基准的比例学说。即头身示数，以头高（头顶到颌尖）划分身长而得到的数值称为头身示数。头身示数因种族、性别、年龄的不同而有所差别。有6.5、7、7.3、8、9、9.5不等。其中以人们常说的“8头身”最为理想，“8头身”人体比例是欧洲人的比例标准，之所以称其为最理想的人体比例，是因为“8头身”比例与黄金比有着密切的关系（图3-18）。黄金比值为1∶1.618约等于5∶8或3∶5，而“8头身”人体上身和下身的比例为3∶5，下身与人体总长之比是5∶8，这两个比值和黄金比恰好吻合。

在我国，大部分地区的人基本上是七头身比例关系。七头身的分割线和身体部位的关系如下（图3-18）：

0——头顶
1——颌尖　｝头高（计量单位）

2——胸高点（大致上限的位置）

3——脐下（大致下限的位置）

4——拇指根（大致拇指根下限的位置）

5——膝头（膝盖骨上沿）

6——小腿中段

7——足底

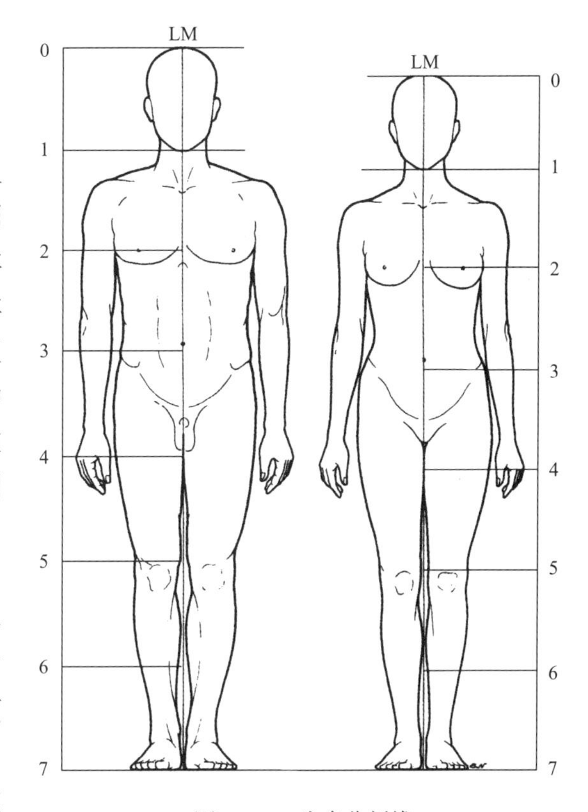

图3-18　7头身分割线

七头长的人体比例是成年之后的标准人体比例，因此这种比例最有价值，应用范围最广泛。在生活服装中，可以以此作为人体比例的参考。但是头身示数仅仅是衡量人体美的一个大致标准，实际中的人体体型是复杂多样的。身体局部稍有不同就会产生各种各样的形态。即使假定头身示数为7，也存在着从头到脚无限的不同体形，头身示数分割线之间也会有无数的局部体型。

2. **人体比例与服装比例的关系**

服装分为上衣下裳或上下连属两种形制。由于人体是竖长型的特点决定了服装的比例主要是指长度的比值。所以设计重点倾向于上下竖形的面积比。如领围线、肩线、腰线、底边线等相互间的距离，上短下长或上长下短的服装款式等，都属于上下竖形的面积比。服装中的比例还包括服装中的各个部分以及部分和整体之间比例关系。如服装的廓型和局部造型以及服装配饰间均存在不同的相关比例等等（图3-19、图3-20）。

设计师和市场给消费者提供了现成的比例美的衣服样式，但着装行为是人与衣服发生关系的过程。衣服本身的比例是衣服总长和细部件的大小的比例。但是因为穿着者个体体型的差异性使得着装后的服装比例呈现不同的变化。从着装角度考虑，服装比例与着装者的身体状态有着密切的关系。因为身体宽度和厚度的变化，着装后身长及各部位的比例也有变化。所以在实际的穿着效果中，起实质作用的是人与衣的共存化比例关系，所谓共存化比例是指两个不同形态的比例（人体与服装）在一个形态中存在而产生特殊美的效果的比例，也就是人体着装后的比例状态。对于服装来说，就是由形状和其他要素不同比例构成的。

着装者通过比例的设置和调节，可以使服装以及通过服装修饰的人体取得调和的效果，形成美的视觉效果（图3-21）。可以见得穿在身上服装美的感觉是在服装形态与身体形态之间协调的基础上产生的。着装者应该选择符合自己体形的服装比例。再美的服装不适合自己，是无法发挥美的效果的。比如上衣的长度很容易影响人们对身高的视觉，矮个子的人要注意上衣与裙子之间的比例关系，特别注意各部位长度的调节。

比例还体现在衣服与身体之间的余量关系上，人体的包裹形式不同于器皿包装，需要有一定的运动空间，放松量就是服装与人体之间的空间，对放松量收放的处理会影响到服装的造型。首先合体的服装是衣服穿着舒适性的基础条件。服装合体就是要使服装很好的包裹身

图3-19 服装中的各个部分以及部分与整体比例关系

图3-20 配饰与服装之间的比例关系

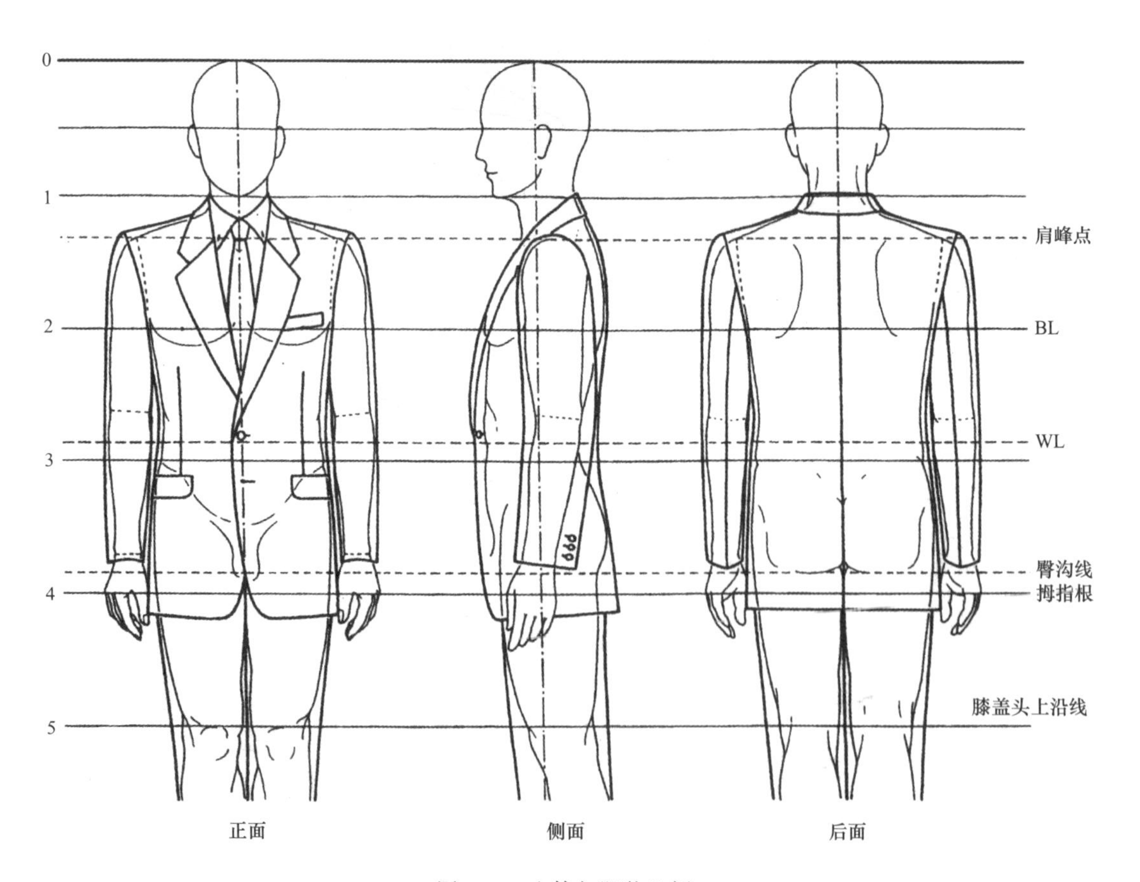

图3-21 人体与服装比例

体，也就是服装“坐稳”的问题。既不能过大，也不能过小，太大或太小的衣服都会穿着不合适或出现褶皱等，影响服装的外观和穿着舒适性。而合体性和人体的支持区又有密切的关系，如肩部或腰部的合体。还有服装前后部分的关系要平衡。紧身的设计对穿者的身材有极高的要求，最好再贴身穿上塑身内衣。所以着装者有必要根据自己的身高体型选择适合自己号型的服装。“号”是指服装的长短，是以人的身高来计算的；“型”则表示服装的肥瘦，服装号型是着装者选购服装最基本的依据。

国家技术监督局规定的新服装型号是由身高、胸围及体型分类代号Y、A、B、C组成。新型号分类较细致，身高以5cm为单位，胸围、腰围分别以4cm、2cm为单位，同时上下装分别标有型号，以适应消费者的需求。根据人体的胸围与腰围的差数为依据来划分体型，可以将人体体型分为Y、A、B、C四类不同的体型。Y型指胸围大腰细的体型；A型代表一般体型；B型为腹部略突出的微胖型，多属于中老年体型；C型为胖体体型。区别体型的计算方法是：按胸围减去腰围的数值所属的范围分类，并且男女有不同的型号。男装Y型为22～17cm，A型为16～12cm，B型为11～7cm，C型为6～2cm；女装Y型为24～19cm，A型为18～14cm，B型为13～9cm，C型为8～4cm。上衣由三组数码组成：人的身高、胸围和体型，如170/88A，表示这种服装适合身高170厘米，胸围 88厘米的一般体型人穿。裤子则由二组数字组成，分别代表裤长和腰围，如“100/75”，表示裤长100厘米，腰围75厘米。衬衣：其标志代号应在衣领上，统一以厘米为单位，如38—70—60，第一组数字表示衣领长度为38厘米，第二组数字表示衣身长为70厘米，第三组数字表示袖长为60厘米。这是男性衬衣的标志。女性衬衣的三组数字，前两组数字相同，第三组数字表示胸围。不太需要服装的合身性时，用S、M、L表示。“L”表示大号，“M”表示中号，“S”表示小号。

四、服装对体型的矫饰

虽然人体的外形基本构成相同，但构成的形态却千差万别。骨骼、肌肉和皮肤是形成体型的三大要素。骨骼决定了人的高矮，是形成人体年龄差、性别差及体格、姿势的支柱。脊柱对人体的姿势和美观有很大的关系。肌肉和皮肤影响着人的胖瘦。在构成体型的三大要素当中，与体型关系最为密切的要属皮肤，因为皮下脂肪层与人体的外形有着密切的关系，它形成了体表的圆顺和柔软。但是皮下脂肪的沉积是因人而异的，有相当大的个人差，因此形成了各种各样的体型。造成体型不同的因素有很多，不同的人种、民族、环境、年龄、性别等都是影响体型差异的因素。

服装作为以人体为表现对象的艺术形式，其造型和形态直接或间接的受到人体的结构和形态的影响。强调体型的优点，弥补缺欠是着装的主要任务。在实际生活中，符合审美标准的体型是很少的，大多数人总有这样或那样的烦恼，如肩窄、脸胖、脖子短、胸大、下腹突出、腿粗等问题。人们虽然从根本上不能改变自己的体型，但却可以选择不同的服装来改变体型在视觉上的感觉。也就是人们通常所说的“扬长避短”，着装的意识在于弱化对体型“短处”的注意力，积极努力展现“长处”的魅力要点。这也体现了服装作为“人的第二层皮肤”的功能。从人的体型特征来看，无非是关于长度和粗细的问题，体型的长短、粗细可以利用视觉的“错视现象”得到相应的矫饰。如方向性的错视、分割上的错视、色彩的错觉、对比上的错视等对体型上的遮盖较为有效。具体的运用体现在构成服装的三大要素：服装的款式、面料和色彩的运用上。

1. 服装款式结构与体型

廓型是表示服装整体的外形线，服装廓型设计是有限的，而服装内部结构要素具有灵活的变化性和很强的表现力。

（1）领子

图3-22　V领口造型

领子的形态是服装款式结构要素中最为重要的一项。领子的位置离面孔最近，也最醒目。领子的大小、宽窄、高低、形状的变化涉及着装者的脸型的大小、头颈的长度，肩的斜度和宽度。大领口有拉长脖子的功效，能平衡上身肥胖的感觉和颈部的长度（图3-22）。所以领子的设计可以强调着装者的个性，掩饰缺陷。

衣领的设计极富变化，式样繁多。给脸型带来的影响最大是领围线与领形的设计。宽脸形的人不适宜选择把脖子掩盖并紧紧围住的高而紧的领子，它能突出表现面部，有强调脸宽的效果，也不适宜选择圆领口的领子，圆形领口引导人的视线横切了人的脸部与颈部，有横向加宽的效果。还有领口、领子具有横线视觉效果的一字领、船形领都会使脸部产生宽度感；瘦而有棱角脸型的人适宜选择带有柔软褶皱设计的圆领形，能给过瘦的脸型带来圆润感，而对过于圆脸型的人谨慎选用；方型领（也称盆地领）的造型特点是领围线比较平直，整体外形呈方形，在领角处有圆形、垂直形、锐角形或钝角形的棱角，所以适合长脸型而不太适合宽胖脸型。

利用领子和领口的组合可以使脖子看起来颀长或纤细。对于脖子短而粗的人来说前领要避免厚重面料以及圆领形式，领口可以开得深些延长到胸部下面，多露出喉咙的部分，可使面部显小，从而使脖子看起来长而细，如V型领、U型领、心形领等。晚礼服或袒胸露肩的晚礼服常常采用这种领形。其中，V字形领是以斜线分割视错效果为理论基础的，人的目光被牵引着做上下的移动，使脸部与喉咙部分看起来比实际长，所以会比圆领、方领等领口浅的领子使人显得脖子长些；U型领是狭长的椭圆形领口，可以在增加长度的视觉基础上，强调脸形的椭圆效果，是使圆又方的脸形看起来接近椭圆的理想领口型，因此要比V型领更适合瘦脸形的人选用。

（2）袖子

袖子的尺寸可以相对补救肩的宽度和倾斜度。常见的袖型有蝙蝠袖、灯笼袖、郁金香袖、披肩袖、羊腿袖等。袖形体积的大小会使高度发生变化。不同的袖形产生的量感大小程度不同，由于宽度加宽使得服装的长度变得短一些。由于肩和袖连接在一起，袖型设计和肩部设计互相影响，对于上半身服装的外轮廓的线条有着重要的作用。V型领的领片造型设计和装饰细节可以丰富V型领的款式变化。服装领片的有无对于服装的凝重或轻松感有着较大的影响。袖口绲边的设计在色彩上与服装整体色调形成一定的反差，可以增加服装的轮廓感、线条感，使服装款式结构特点更突出（图3-23、图3-24）。

图3-23 V型领造型

图3-24 袖口绲边

（3）线型

线是服装设计重要的表现形式。服装中的线包括衣片上的分割线、省缝、开襟、边摆、沿口等，对于着装的总体印象起着非常重要的作用。

各种形态的线具有不同的表情。直线具有单纯、理性的特征。水平线使人感到宽阔、宁静、平稳、舒展、横向延伸等；垂直线具有上升、严肃、高大、苗条、挺拔、敬仰等性格特征，垂直线在服装的形上有延伸感，在视觉上服装的形呈现出瘦长的感觉；斜线给人以运动、兴奋、轻盈、不稳定、危机和空间变化的感觉，斜线条的运用可以改变服装的外形，从视觉上使简单的服装变得活跃。曲线相比直线具有优雅、流动、柔和、优美、丰满、和谐的表情，其中自由曲线有活泼、奔放、丰富、自由感，圆弧线有理智、明快感等。合理的运用线的特征，选择适合着装者体型的线型形式。

对于那些体胖的人，为了看起来显得高些、瘦些，除了利用帽子或高跟鞋高度的物理性办法，还可以利用线的错视达到改善效果。要尽量避免显眼的横向切割线，采用较长的垂直线、V型线、A型线会给人一种长度感（图3-25）。纵向的分割线明线最好不要半途中断，要尽量使其延长，特别是在同一面积中斜线要比直线长，所以V型、A型更加有长度效果。

垂直线在服装的廓型上有延伸感，在视觉上服装的形呈现瘦长的感觉。最重要的方法是

图3-25　采用较长的垂直线、V型、A型线会给人一种长度感

把目光引向垂直线的方向，可以使体型较矮的人看起来显得高一些。服装整体选择上下连续有纵向的长度感的套装，服装内部结构的领子、口袋、纽扣等细节的排列也采取纵向（图3-26）。避免佩戴把服装分成上下两部分与服装对比强烈的腰带。

对于瘦而高体型的人，由于高有时容易给人一种面容模糊的感觉，穿着简洁缺乏变化的服装会更强调这种感觉，所以有必要在胸部、腰部等加入横向的线条变化，如在腰节线、腰带、口袋等处的设计会阻断目光的纵向移动，以达到改善的效果（图3-27）。选择连衣裙对于那些矮而瘦的体型是强调身高的最好形式，连衣裙上能够自由地使用垂线、斜线、曲线等混合线条，并且中途不会出现间断。如公主线型从腰间向上使上身变瘦，从腰间向下到底摆又强调了体积感。

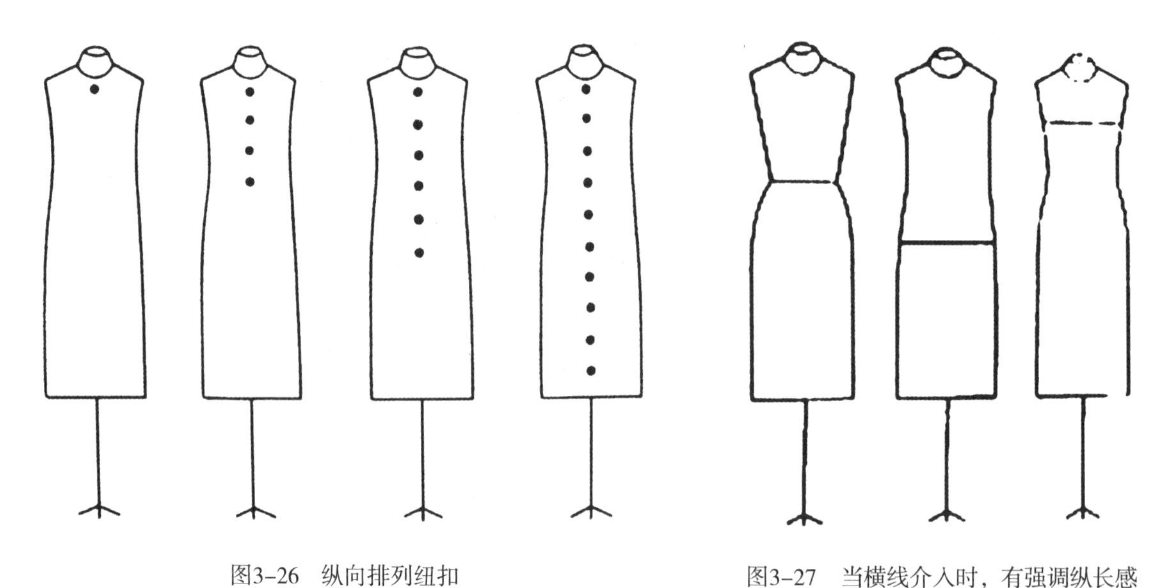

图3-26　纵向排列纽扣

图3-27　当横线介入时，有强调纵长感的长方形也能体现长度效果

下摆线就是服装的底边线，它是服装廓型长度变化的关键参数，也决定了廓型底部的宽度和形状，是服装外形变化的最敏感的部位之一。下摆的长度变化是时代的反映，底摆形态的变化也很丰富，不同的下摆给服装带来不同的风格变化。

2. **服装的材料与体型**

服装是由面料、色彩、款式三大要素构成的。作为服装物质载体的面料要素，是通过织物的组织结构、织物的质感、织物的厚薄形式来体现服装的款式造型设计的。因此对面料素材的选用，直接对服装的形态、性能和用法有着很大的影响。

图3–28　三宅一生作品

材料是体现设计思想的物质基础和服装制作的客观对象。以纺织品为主的服装材料具有各自的特性规律。服装的面料主要具有防护和装饰的功能。服装面料的种类也十分丰富、繁多。通常分为纤维类和动物毛皮两大类。纤维类主要分为天然纤维和人造纤维。天然纤维主要指麻、丝、毛、棉；人造纤维也称化学纤维，尤其是人造纤维的出现是人类衣料史上巨大的变化。现代高新技术的发展给服装艺术带来诸多新型材料，给予服装设计者和消费者更加广阔的表现和选择天地，服装材料已从单一性的面料延伸至多元化的综合性材料的范围。高新技术的发展更使面料的审美性、舒适性、伸缩性、透气抗菌性、多功能和易制作整理方面带来了众多的变化，三宅一生善于创造和应用面料的特殊性，轻柔体贴是他对人体所需要的感觉作出的服装反映，他的服装可以像游泳衣一样扭曲和折叠，材料的优点受到快节奏生活的现代女性的欢迎（图3–28）。不同的面料具有不同的造型风格，如丝绸的软薄，呢子的挺括，麻织物的垂感等，还有由于组织结构的不同织物表面呈现出来的肌理、色彩也不同。穿着者要选择适宜自己的体型特点的面料形式。

不同的服装面料具有不同的外观风格性能。如刚柔性、悬垂性、起毛起球性和钩丝性等。

（1）刚柔性

刚柔性是指织物的抗弯刚度和柔软度。抗弯刚度是指织物抵抗弯曲形状变化的能力。织物的刚柔性直接影响服装的廓型与合身程度。硬挺的面料不适宜做包裹人体的设计，其容易造型的特点可以满足着装者希望修正自己不足体型的心理（图3–29）。使用薄软的面料会使体型表露无余，所以过胖或过瘦的人都要慎用。但对于身材极好的人倒是可以显露体型的优点，无论男女都可选用柔软合身的针织类服装，针织品能使身材显得饱满，可以显现美好的体型（图3–30）。个子高瘦的人大都棱角分明，骨感强，缺乏圆润感，在面料的选择上多突出些柔软感的要素会使其看起来丰满些。极瘦的人要在服装与人体间留出适当的空间余量，如果选择薄软松懈的面料简洁的款式容易使自己的体型线一览无余，可以采取横线分割的视错效果或抽褶、打裥等增加量感的方法来改善。

（2）悬垂感

服装的线感有两层含义，一是指服装表现的人体曲线，二是指人在活动时表现出来的褶线。服装的线感是由面料的悬垂外观风格而定的，受面料的回弹性等力学因素的影响，也受面料色泽、纹样、织物结构的综合感觉影响。悬垂性的材料有精纺毛料、粘胶织物、各类丝绒等。悬垂性的材料有显瘦的效果，是胖体型和匀称体型的人的选择材料。

图3-29 厚实硬挺的面料善于强调线、面和体的造型

图3-30 柔软的面料有着曲线的线型和细腻的手感等特征

图3-31 闪光的面料极有华贵感，是晚礼服、社交服装的常用材料

（3）光泽度

有光泽的面料如丝绸、锦缎、金银线织物、尼龙绸等，是晚礼服、社交服装的常用材料。这种服装在灯光的辉映下有着灿烂夺目的效果（图3-31）。但是有光泽的布具有反射光线的作用，会加大人体的膨胀感，穿着者在运动中，光影会显露出人体的轮廓，太胖或太瘦的人选用有光泽的面料容易暴露自己体型的缺点。所以要驾驭好闪光面料的膨胀效果，不妨在小面积的晚装包、高跟鞋、头饰、配饰等方面动心思，可达到事半功倍的效果。瘦小体型的人选用表面凹凸粗糙的吸光布如棉布、呢组织等织物，会显得人体饱满柔和。但是如果材质厚重有明显凹凸的粗织纹，仍然有一定的膨胀感，胖体型的人不宜选择。

（4）体量感

服装面料的体量感表现有两层含义：一是指“物理的量”，松软与厚重的材料自身的量感能表现服装的体积感。如厚粗皮草量感上有着安全的厚重感，是秋冬季服装的常用面料（图3-32）。厚重材料具有增大形体的感觉，所以体型肥胖的人要慎用，瘦体型的人穿用也一定掌握好廓型和比例，不要有累赘的感觉。相反，丝绸、纱罗织物、乔其纱、烂花等织物则有薄而轻的感觉，这些织物会表露穿着者的实际体态。合适的内衣或衬里显得相当重要。“物理的量”还表现为用料的数量与装饰物层次的多少，如体型瘦的人选择的服装加上一些服装的材料代替肌肉，会使身体显得丰满些（图3–33）。加上褶裥可以使身体和衣服之间增加一些空间，如胸部不够丰满的女性可以选择胸部多层次的褶皱装饰来削弱扁平的感觉，而胖体型的人应选择服装结构表现的干脆利落的款式，不要使用能够产生体积感的工艺技术，如褶裥的装饰。二是指“心理的量”，也称张力刺激，表现为心理上的扩张，还表现为几何形态足够产生的视觉力度，如体型偏瘦的人选择有分量的廓型，选择挺括有型的硬质面料使塌陷的部分得以补充，能起到一定的调节作用。

图3–32　皮草领外套

图3–33　褶皱的运用带来的层次变化形成了有力的空间造型。也强化了服装的廓型印象

另外，对那些体型欠缺美感的着装者而言，可以把服装面料的“材质美”与“肌理美”当做重要的审美内容。如绸缎的轻柔感、飘逸感，毛织物的挺拔感，金银织物的华丽感，裘衣茸毛的舒适感等可以平衡由于选择的服装廓型、款式简单而带来的单调感。

3. 服装的色彩与体型

正常体型的人选择服装色彩的自由度要大得多，只需要考虑适合的肤色和上、下装色彩的搭配就可以了。而对于那些对自己体型不满意的着装者可以利用色彩的错觉现象来修正自己的体型。服装的下半身设计采用有收缩感的黑色，可以掩盖臀围较大的体型，视觉的中心转移到上半身（图3–34）。同一种形与色的物体处于不同的位置或环境，会使人产生不同的视觉变化，人们把这种现象称为错觉。色彩的错觉是人眼的各种错觉感觉之一。色彩视知觉的错视性，在生理反应上表现在色彩的前进与后退，膨胀与收缩，冷与暖、轻与重的知觉度等感觉方面。

利用色彩明度对比形成的膨胀感与收缩感，可以调节体型的缺憾。对于矮瘦小巧玲珑的体型，容易给人可爱或弱不禁风的感觉，在色彩的选用中适宜柔和明亮的膨胀色。而胖体不宜穿膨胀色，或采取中性的色彩，或深色、冷色富于收缩感的颜色，使人看起来显得瘦些（但是肌体细腻丰腴的女性，亮而暖的色调同样适宜）。活跃的色彩尽量小面积运用，忌用发光的色彩，上装和下装的色彩最好接近。

合理的运用不同面积的色彩进行组合搭配也能起到修正不同体型的作用。上下一致的色彩会容易产生延续感，使人看起来显得高（图3–35）。所以矮胖的人应注意不要采用上下强

图3–34　服装的下半身设计采用有收缩感的黑色，可以掩盖臀围较大的体型，视觉的中心转移到上半身

图3–35　上下身一色的套装搭配，可以令人有看上去更修长的感觉

烈对比的颜色，而是适宜选择上下身一色的套装，下摆或底边不要有明显的色彩分界线，不能选择色彩鲜艳的袜子和腰带。上身比较瘦，腰细，大腿粗，臀部过大的体型的人，上装可用白、粉红、浅蓝等亮色调，下装用黑色、深灰色、咖啡色等暗色调，也不宜穿太短的外套以免自暴其短。上身圆胖、胸大、腰围显粗，而腿比较细苹果型身材的人上身宜穿黑色、墨

绿色、深咖啡等深色系衣服，下装着白、浅灰等。如白色的长裤搭配黑色的上衣效果就非常好。腿短的体型上装的色彩和图案比下装华丽显眼一些，或者选择统一色调的套装，也可以增加高度，尽量穿暗色调的长裤等。腿肚粗的女性不论穿短裙还是穿裤子，长、短袜都尽量用暗色调，可以使得腿肚显得细一点儿。粗腰的体型最好穿黑色、深咖啡等深色的上衣，束一条与衣服同色或近色的腰带，会产生细腰的效果。肩窄的体型可以选择浅色或带有横条纹的上衣以增加宽度感。

4. 服装面料花色与体型

服装面料的图案花色及纹样种类也会影响到穿着的效果。一般来说，花朵纹样因其具有可爱感、和蔼感及女人味是女装使用较多的图案，高田贤三（KENZO）的服装最令人称赞的莫过于花卉图案的运用，也是他在设计中所钟爱的图案选择。KENZO以少女青春纯洁的模样为出发点，因为花卉最能尽情展现绽放生命的热情与情绪，充满了朝气与喜悦（图3-36）。对于过胖的体型应该选择小花型的纹样，不宜选择大花、大点、宽条等图案本身有扩张感的面料。相反，大格子花纹、横条纹能使瘦体型的人横向舒展、延伸，变得稍丰满。高大型的人宜选择中等大小的图案，过小的图案纹样与高大的体型形成鲜明的对比更宜显出人体的高大，过大的花型由于图案本身有扩张感使高大的体型更为显眼。胖体型的人不宜选择曲线图案的面料，这种纹样更加强调圆润的感觉也强调了人体曲线，适宜选择那些不清晰的形、曲折交错构成的不规则图案，如光学形式样的图案利用线的错觉现象，在平面图形中加入了立体感、动感，这种纹样具有吸引别人视线而忽视其他部分的作用，所以也是一种具有覆盖体型效果的纹样形式。

图3-36 高田贤三作品

图3-37　米索尼作品

条纹与其他花色相比有明快感、轻便感、男人味、坚硬感、严厉感、严肃感，所以常称为男装面料的选择纹样，意大利品牌米索尼（Missoni）创造出极具视觉冲击力的个性化针织服饰图案——著名的Z字形和条纹图案，Z字形的图案设计打破了条纹的单一感（图3-37）。条纹面料中条纹随着方向性的使用方法不同会产生不同的视觉效果。横色条纹能使瘦体型横向舒展、延伸，看起来稍微丰满；竖色条纹能使胖体型直向拉长，产生修长、苗条的感觉；斜线可以增加服装的动感。胖体型的人在服装纹样或结构线中采取这种线型可以增加轻便感的效果。

思考与练习

1. 简述服装与人体的关系。

2. 什么是服装的“型”与“号”？Y、A、B、C分别代表什么体型？S、M、L分别表示什么号？

3. 试举例谈谈如何利用服装矫饰形体的不足。

主题三　服饰形式美法则

在长期的生活实践中，人们逐步发现服饰艺术与其他艺术门类相同的形式法则，即形式美的法则。这些法则是：比例、对称与均衡、节奏与韵律、呼应、对比与调和、主次与虚实、多样与统一。形式美法则是指导服饰设计和服饰搭配实践的重要美的法则。

一、比例

比例美是服饰美的重要形式法则，是相互关系的定则。是比较物与物之间面积的大小、线条的长短、数量的多少以及颜色的深浅关系。

比例共有三种形式：一种是百分比法，这是一种自然性科学研究方法；第二种是黄金比例法，这是一种艺术类研究方法；第三种是基准法，这是一种艺用人体研究。我们所应用与研究的比例的关系是属于艺术类研究方法。在古希腊时期，人们就能依据比例的法则来建筑各种神殿和寺庙。比如举世瞩目的巴特农神庙就是典型的实例。古希腊人创立的黄金分割率（1∶1.618）至今仍然被人们推崇为最美的比例。还有例如被人们公认为古希腊女神雕像中最完美的“维纳斯”就是完全按照这个比例关系创作出来的。“维纳斯”总身高为8个头长，头占身高为1/8，从头顶到腰间为3个头长；从腰间到膝关节为3个头长，而从膝关节到足底为2个头长。如果以腰节线为基准线，上身与下身比等于3∶5，正好是黄金比。黄金分割应用在服装设计中，同样能取得非常的效果，但仅用这个黄金分割方法是机械的，不能满足人们审美要求的。服装的比例是由人体、衣服、饰品等多方面因素所构成的。所以，其比例关系主要体现在以下几个方面：

1. **服装各局部造型与整体造型的比例关系**

在服装款式造型中，只有当构成整款服装造型的各局部均能够按相应的秩序在面积的大小，线形的长短等方面做到比例安排合适时，才能创造出一个舒服的款式造型。这里面包括：腰节线位置的高低；领形与衣身的大小；剪接线的位置与长短；上衣长与下装长的关系；纽扣的大小，数量的多少等方面。日本著名设计师三宅一生的设计无不体现出服装局部与整体造型中比例的关系运用，比如纽扣的位置，门襟、口袋、领型、裤装的斜线分割、色彩等每个细节都精心布局。（图3-38）。

2. **服装造型与人体的比例关系**

人体着装后所形成的比例关系是整体造型感觉最直观的，如果不能妥当地安排好其比例的配置，肯定将影响整款服装最后的造型效果（图3-39）。这种比例关系主要体现在以下三个方面：

①各类上衣与身长的关系。

②上衣、裙子与人体关系。

③服装的围度与人体的关系。

我们以服装的围度与人体的关系为例，如果一个体形很胖的人穿上一件非常紧小的衣

图 3-38　三宅一生作品

图 3-39　迪奥高级订制服装，曳地礼服是为了更好体现服装本身

图 3-40　配件与人体比例

服，视觉上会感到非常不舒服的感觉，在现实生活中，这就是一件失败的作品。

3. **服饰配件与人体的比例关系**

服饰配件与人体的比例关系在服装设计中也是一个不容小视的重要因素，如果处理不恰当势必影响整个服装造型。首饰、帽子、皮包、鞋等配件的大小与人体高矮胖瘦的比例关系。例如：从一般意义上讲，身体高大魁梧的人应该佩带大的、风格相对粗犷的饰品，而身体娇小的人则应该佩带小的、风格相对精细的饰品等。另外服装的外形是随着时代的变化而变化的，比例也应视当时的潮流而定，所以我们作为服装爱好者需要对新比例有敏锐的直觉。图3-40是一次大型内衣发布会，明快的色彩，多样的花纹，带给我一股夏季的凉爽。肩挎包的大小以及风格是整个作品的关键所在，必须要和整个服饰统一起来。

二、对称和均衡

1. **对称**

对称是造型艺术最基本的构成形式，在任何艺术形式中都广泛地被运用着。对称是指图形或物体的对称两侧或中心点的四周在大小、形状和排列组合上具有一一对应的关系。在我国传统服饰的造型中普遍运用，例如汉代的深衣、宋代的朝服、宋代的褙子等。对称具有严肃、大方、稳定、理性的特征，在服装款式的构成中，一般采用左右对称、回旋对称和局部对称的形式。

（1）左右对称

因为人本身的体形就是左右对称的，所以服装最基本的形态也是左右对称的形式。这种对称形式虽然在视觉上略显得有点呆板，但是由于人体随时都处在一个运动状态之中，所以会弥补这种呆板的感觉（图3-41）。

（2）回旋对称

在对称形式中，可以将服装中的图形对称轴一侧的形态反方向排列组合，这样在视觉上可打破四平八稳的呆板格局，平稳中发生了一些变化。在服装的构成中，这种回转对称的形式一般是利用面料的图案或装饰点缀来完成的（图3-42）。

（3）局部对称

服装构成中局部对称一般是指在服装整体的某一个部位采用对称形式。这种对称形式的运用更能体现设计者在设计服装中精心考虑的地方，有时恰恰正是设计师设计整套服装的一个设计点，为了吸引顾客眼球，一般把它放在肩部、胸部、腰部、袖子或者利用服饰配件来完成。

2. **均衡**

均衡是指图形中轴线两侧或中心点四周的形状、大小等虽不能重合，但可以变换位置、调整空间、改变面积等求得视觉上量感的平衡。均衡比对称显得更富有变化。应该来说均衡虽不是左右对称，但通过力与轴的距离，而使人感觉到有一种内在的平衡，这种均衡的形式是现代造型设计中常用的一种形式手法（图3-43）。

均衡的形式在服装上的运用可以体现在以下几个方面：

（1）门襟和纽扣

门襟和纽扣都是处在服装造型中比较醒目的位置，利用它们的变化来协调空间，以达到均衡的视觉效果。特别强调的是：门襟和纽扣是联系在一起的，门襟的位置一旦改变了，纽扣的位置和排列也应该随之发生变化。

（2）口袋

口袋的位置按传统都处于对称状态，但在现代设计中，很多设计师打破传统，为了活跃服装造型和创新设计，也经常采取不对称的形式，还有改变大小和位置等，在视觉上产生均衡的效果，如何运用，那要看设计

图 3-41　左右对称的服装

图 3-42　整个衣身的构成肌理是利用了回旋的对称来表现的

师对自己设计作品的整体构思和要传达的想法，作为服装学习者要多看多学多尝试。

（3）装饰手段

在某些服装的构成中，可根据造型的风格需要，利用各种装饰手段和表现手法，比如利用挑、补、贴、绣珠片、抽纱等装饰工艺手段，将图案花纹装饰在服装的需要表现的位置，（图3–44）。同时还可以用装饰配件等来达到造型上的均衡效果。

图 3–43　均衡的服装设计

图 3–44　各种装饰手段的处理来达到均衡的效果

此外，在服装造型中，还可以利用色彩的处理来达到均衡的效果，如利用衣服上下、左右、前后色彩的相互配置和搭配；利用服装主体色彩与配件色彩的呼应和穿插等，丰富和增强服装造型的艺术美感。

三、节奏与韵律

1. 节奏

节奏是指某种形式因素有规律的变化。节奏一般是用在音乐、舞蹈、诗歌等艺术手段中。服装设计属于视觉传达艺术类型，与绘画、雕刻、书法、等造型艺术一样都具有抽象性的节奏。

节奏在服装造型中多体现在点、线、面的构成形式上。例如：纽扣的排列关系、褶裥的重复出现、图案的律动变化等通过细微环节有规律、有秩序的反复使用，从而在视觉效果上产生跳动感和生命感（图3–45）。

图 3-45　图案的律动与肌理有秩序的变化带来的节奏感

2. 韵律

简单的节奏形式本身是一种重复的变化，产生一种有规律的机械美，容易给人呆板和乏味的感觉。然而，比较复杂的节奏就形成了韵律。韵律比节奏更具有一种生动的流畅感，是一种更高的境界（图3-46）。

四、呼应

呼应是指相同或相近的设计元素，或同一元素的某一部分在服装主体各部分之间出现两次以上，在视觉上产生相互关联、照应的效果。呼应在成套服装设计尤其是服饰搭配中的应用最为广泛，多以色彩、图案在非主体服饰上的出现为主。

1. 造型结构呼应

在服装设计中，运用各种造型及结构呼应的设计手法，使人产生一体感（图3-47）。

2. 色彩呼应

在设计中，利用色块或色带将各部分贯穿或统一起来，是使服装形象相互呼应的一种最常用的手法（图3-48）。

3. 材质呼应

在服装的不同部位或结构上采用相同材质的进行造型，能起到相互呼应的作用。如在成套的服装设计中，在上衣领口、袖口、袋口等处采用与下衣的材料相同的布料，使之起到上、下呼应的视觉效果，则能给人以整体美的秩序感（图3-49）。

图 3-46　富有变化的节奏产生耐人回味的韵律感

图 3-47　造型和结构呼应

图 3-48　运用了套色呼应

图 3-49　采用的材质呼应

呼应的元素在具体运用时必须要有全局观念，不能将之割裂开来单纯考虑单个元素的美感，必须明确服装最终所要呈现的风格和特征，协调好各元素和系统的关系，才能创造出和谐、富于美感的服装作品。

五、对比与调和

1. 对比

对比是两种或两种以上的物体进行比较时的一种直观效果。是针对事物的形象、色彩和质感等方面进行质和量的比较。对于服装来讲，对比的运用主要表现在以下几个方面：

（1）造型对比

服装款式的长短（上长下短或下长上短）、松紧（上松下紧或下松上紧）、曲直（上为曲线构成、下为直线构成或相反）以及动与静、凸型与凹型的设计。通过这样的对比构成形式，可达到新颖、别致的视觉美感，同时款式富有变化，不呆板（图3–50）。

图 3–50　造型对比

（2）色彩对比

在服装色彩的配置中，利用色相（冷色与暖色并置）、明度（亮色与暗色并置）、纯度（灰色与纯色并置）和色彩的形态、面积、位置、空间处理形成对比关系（图3–51）。

（3）面料对比

服装面料质感的对比，比如：粗犷和细腻、硬挺与柔软、沉稳与飘逸、平展与褶皱等，通过这样的对比可以使服装的个性特征更加突出，对视觉产生强烈的冲击力和视觉效果（图3–52）。

图 3-51　色彩对比

图 3-52　材料对比

2. **调和**

事物中几个构成要素之间在质和量上均保持统一关系，是一种秩序感的体现，这种状态我们称之为调和。在服装设计中，各构成要素之间在形态上的统一和排列组合上的秩序感称为调和。为了表现出秩序感，就需要对构成服装的几大要素进行统一和有顺序的排列，以此求得形态上的美感。因此，在服装的结构上如果缺乏一定的秩序感和统一性，就会影响本身服装应具有的审美价值。一般来说，服装造型中的调和通常可以体现在服装的色彩配置、整体结构、局部结构、材质对比和工艺手法上。

（1）整体结构

在服装的整体结构上，款式的前后结构中的分割中有类似的形态出现。如前身结构中有省道，后身也应有省道出现；前身腰节处是断开的，后身腰节处也需要断开，在视觉上形成统一协调的感觉。

（2）局部结构

在局部结构上，需要用类似的形态来统一。例如：在领子、袖子、口袋、腰部等处用相近的形态进行统一处理，以达到协调的效果。但值得注意的是，过于统一又会显得单调，因此，要把握其大小、间隔的对比关系，为的是既调和统一，又富于变化，领子的毛式设计显出了冬装的特性，袖口为了统一也进行同样的设计来调和（图3-53）。

（3）工艺手法

在服装的工艺手段和装饰手法上，同样需要一定的统一性（图3-54）。比如在面料、辅料和缝制上，如果面料选择藏青色，那辅料也应该选择与之相适应稍淡的颜色，缝制用的

图 3-53　领子与袖口的调和设计

图 3-54　外衣的工艺手法近似调和

缝纫线也应该用深色的。另外，在其图案装饰的风格上都要用一种有序的统一的手法进行处理，以达到整体协调的效果。

（4）色彩配置

凡优秀的服装作品中，其色彩的配用都是既丰富多彩又和谐统一。调和的服装配色会给人一种赏心悦目的感觉，相反不调和的服装会给人一种生硬、刺目、厌烦的感觉。从中我们可以得知色彩的调和在服装配色中的位置是多么重要。

多色调和：即使用四个或者四个以上的颜色进行搭配所取得调和。这种方法在使用过程中，不要采取各色等量分配的方法，而应是从中选出一个主导色，并排划出其他色彩的大小配制顺序，这样才能取得调和的效果。在整套服装中，按照各部分在整套服装中所占的色彩面积大小及色量来确定其色彩秩序，一般而言像长衫、衬衣等在色彩上占大面积，要统领全局，而鞋、帽、手套、皮包或服装上的图案等所占色彩面积比较小，起到丰富作用（图3-55）。

图 3-55 多色调和

六、主次与虚实

1. 主次关系

主次关系是指构成事物诸要素之间的主从关系。主次是服装设计中重要的形式美法则之一。在一套服装设计的造型或组合中，为了表达突出的艺术主题，通常在色彩、材料以及装饰上采用有主有次的构成方法。例如：一种主色，一个主点，一个主要装饰部位，一种主要

图 3-56　材料的主次

图 3-57　色彩的主次

质感的面料等（图3-56、图3-57）。主次这一形式美法则，要求我们在服装设计作品中，各部分之间的关系不能平均等同，要素中必须要有主要部分和次要部分。主要部分往往占主导作用，影响着次要部分的有无和取舍。所以对于这种方法进行设计时，首先根据设计构思和主题的要求，先确定主要部分的安排。然后再考虑次要元素以及点缀元素的取舍，表现出富于变化的多样性。所以，主与次是相比较而存在的。有主才能有次，有次才能有主，它们相互依存组成矛盾又和谐的统一体。在任何服装设计作品中，只有达到主次关系的恰到好处，才能感受到完美的艺术感染力。如一套红色调的服装搭配中，以大面积的粉红为主要色彩，以白色为次面积的色彩，就形成比较统一而和谐的主题。

2. **虚实关系**

虚实关系是指构成事物诸多要素中的清楚与模糊关系。虚实关系最早运用在我们传统的山水画中，现在常运用在各种艺术形式中，比如说服装设计、建筑设计、产品设计等。服装设计的三个决定因素就是我们都熟悉的造型、色彩、材料。如果说建筑设计中讲究远近、虚实关系，那么服装设计“以人为本”的设计灵魂思想更要求我们掌握虚实关系原理。虚实既与疏密有关，也与轻重有关。古人曰：“大抵实处之妙，皆因虚处而生”，线面的组织安排，要看到空白处，亦即疏处，空白大小不一，疏密自然有变化。轻重则是虚实的另一个对比概念，主要是指密处——亦即实处的具体变化。轻则虚，重则实，以轻托重，以虚衬实，可以表现形体结构的空间感。服装中在造型、线条和色彩中尤其讲究轻重和疏密这样的虚实关系，只有掌握好这样的关系，才能使服装的整体有灵动感，赋予其作品情感的寄托（图 3-58）。

图 3-58　虚实

七、多样与统一

服装的多样与统一表现在服装上其实就是服装的整体和谐。

多样性即是丰富性，在服装的形式系统内部，存在着多变量的联系，每一种元素的功能和量级不但都与其他因素有关，而且还以一定的方式调节与应变着。服装美追求多样性，鼓励各种可能的出现，这种发散力量是服装设计的动力基础，设计师应该充分发散思维，敢于尝试任何可能性，例如西装是职业装束，等于男性白领的工装，但是如果在上衣口袋里插上一朵鲜花或者打上一条色彩鲜艳的领带，整个服装格调会发生根本性的变化，可以作为晚会装束。

统一性指相关性，是一种内向的收缩力量，放的出去但收不回来也没完成和谐化的工作，丰富的元素变成完整的作品需要一个过程，不相关的要素堆积起来不是有机结构，要高度重视相同介质的整合作用，它可能是色彩，可能是线条或者某种细节，这种关键的相关要素要起到整合作用（图3-59）。服装作品的不和谐，常常并不取决于作品参与要素的多与少，而在于积聚效果如何，能够统一起来就是和谐的，不能统一起来的结构就是无序的。统一的结果就是有序状态的建立，视觉要素有机排列是服装创作的基本追求之一。统一性是和谐的基础，如果各个裁片之间衔接得不顺畅，就会出现结构问题，服装的视觉效果不可能平整。如果形、色、质的搭配没有统一构思，运用的随意性比较强，单看的效果可能很好，综合起来就会出现问题。意大利服装设计师瓦伦蒂诺（Valention）的设计强调高尚完美的造型、成熟端庄的韵味，有独到的装饰细节，外在的装饰与服装整体有机地结合在一起，发挥调味的作用，这就使他的作品避免了局部离散的效果，单看没有什么特别的地方，突出的是整体神韵。实验表明人的观察呈“满视野”状态，即使集中到某一局部上，也无法排除氛围对焦点的影响，所以必须全面考虑周边要素。现今有些服装设计师不但独立地设计上衣、下裳，还设计配套的帽子、鞋子，甚至项链、耳环、腰带、手提包等附件，有人甚至设计派对服装，以求得单体与多体的整合效果。服装穿着者也应该具有这方面的素质，如果没有起码的整体感觉，即使高质量的单件服装，也可能组合成效果很差的综合主体形象。

实现整合设计有很多方法，设计师应该尽可能多地掌握这方面的技能，并且灵活地运用它们。例如：局部相同设计就有构筑整体的作用，局部一样的色彩、形状、质地能够超越障碍，相互拉近、相互吸引，形成聚合视觉整体，不管它们是否在距离上彼此贴靠。如果领口与袖口使用了同样的、与上衣不同的色彩，它们之间就会远距离呼应起来，跨越空间形成强烈的统一关系。

图 3–59　服装有多种装饰、变化的款式，丰富的面料，在大面积的色彩协调下，使整服装华丽而不杂乱

思考与练习

1．服饰形式美包括哪些要素？

2．谈谈服饰的比例美？

3. 如何理解美的多样统一规律?

4. 运用形式美法则分析一套你认为是成功服饰搭配，以图片结合文字的形式陈述。

主题四 着装风格

一、何为服装风格

服装在未穿着人身上之前呈现的是固有“物”的形态，只有人的介入才使服装呈现有生命的状态。而且，与固有的形态相比，服装的构成元素线、色彩、比例等出现了新的形态。最终的服装形态是由服装本来的形态、着装的人体及着装方式综合而成的。这三个要素中的任何一个发生变化都会带来服装形态的变化。所以，着装的美是因人而异的，是人的因素与服装因素的统一，是服装风格的外化。

所谓服装风格是指服装的外观样式与精神内涵相结合的总体表现。服装的风格必须借助于某种形式为载体才能体现出来。造型、色彩、面料质地、服饰品、化妆和发型等是传递服饰风格载体的主要因素。

二、服装风格的类型

1. 古典风格

古典风格即古典的、传统的、保守的服装风格，具有超越时代的价值和普遍性并且长期留存的设计款式，重视对传统形式的关注，在形式法则上遵守合理、单纯、适度、明确、简洁和平衡的基本规律（图3-60、图3-61）。正如设计师香奈儿所说：“潮流瞬息万变，只有风格永存”。古典风格的服装是以高度和谐为主要特征的一种服饰风格，服装样式保守，不太受流行的左右，有着相对成熟的款式与纹样。具有代表性的有西服套裙、黑白格子等传统花样。服装的廓型多为X型和Y型，重视的面料的品质和服装的工艺，代表品牌有阿玛尼（Giorgio Armani）等。

2. 前卫风格

前卫风格是与古典风格相对立的风格派别。造型特征怪异、新奇而富有幻想，运用具有超前流行的设计元素，违反常规的思维规则，如不对称的结构与装饰，强调对比、夸张，追求一种标新立异、反叛刺激的另类形象，服装的面料也多使用奇特新颖、时髦的面料，如仿皮、牛仔、上光涂层面料等。前卫风格是个性较强的服装风格（图3-62、图3-63）。表现出一种对传统观念的叛逆和创新精神。代表人物有英国的设计大师维伟恩·韦斯特伍德（Vivienne Westwood）。喜欢这类风格的着装者往往主观意识强，具有自主独创性的想法和行动倾向性。

3. 运动风格

运动风格的服装常常借鉴运动装的设计元素，较多的运用块面分割与条状分割及拉链、商标等装饰，（图3-64）。廓型自然宽松，服装的面料大多使用透气性能好的棉和针织材料。服装的色彩鲜明而响亮，如红色、白色、亮黄等色彩。经常使用色彩对比鲜

图 3-60　古典风格的服装

图 3-61　古典风格的服装

图 3-62　前卫风格的服装

图 3-63　前卫风格的服装追求一种标新立异、反叛刺激的另类形象

明的嵌条装饰。如ELLE品牌服装就是比较典型的运动风格的服装。喜欢这类风格的人往往具有利落、强壮的身体，明朗直爽的性格以及旺盛的精力。

图 3-64　运动风格的服装

4. 休闲风格

休闲风格的服装是以穿着轻松、随意、舒适为主的风格形式。休闲风格的服装外轮廓简单，线形自然，弧线较多，装饰运用不多而且面感强，服装的色彩明朗单纯，面料多选择天然的棉麻面料，因为廓型款式简单，常常强调面料的肌理效果。休闲风格年龄层跨度较大，是适应多个阶层日常穿着的服装风格。最具代表性的是T恤与棉布裤的搭配。代表性的服装品牌有思捷（Esprit）和贝纳通（Benetton）（图3-65）。

5. 优雅风格

优雅风格的服装具有较强的女性特征，兼具时尚与较成熟的外观样式。重视服装的品质，讲究细部设计，强调精致感，装饰女性化，外形线较多顺应女性身体的自然曲线，常选择悬垂感好的高档面料和富有女性化的色彩，刺绣和镂空绣等工艺。优雅风格的典型代表是香奈儿（Chanel）服装，被追求高雅又不乏时尚的女性奉为优雅风格的典范。喜欢这类风格

图 3-65　贝纳通（Benetton）以鲜艳的色彩及简单的图案搭配成为年轻人追求流行时尚的代表品牌

的着装者一般有着良好的涵养，温和的性格，浪漫敏感又极具审美能力，具有女性的魅力（图 3-66）。

图 3-66　DKNY 代表现代都市女性的多面性

6. **中性风格**

中性风格的服装指男女都可以穿的服装。如T恤、运动服、夹克衫以及常见的军装风貌等服装都属于比较中性化的服装。T恤、牛仔裤都是中性化的典型构成元素（图3-67）。中性化的服装去除了明显的男性和女性特质，男装和女装在样式上不具有明显差别性，甚至可以互换。服装的色彩一般选择中性化的黑白灰色彩。中性服装以其简约的造型满足女性在社会竞争中的自信。服装的中性化展现了女性解放和社会分工的趋同所导致男女差异的弱化的现象。

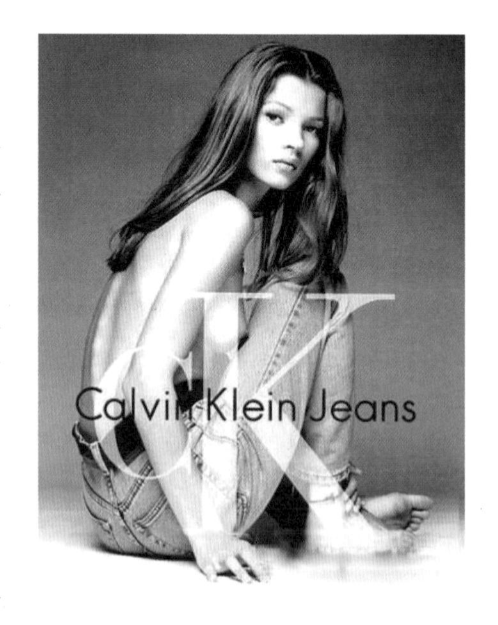

图 3-67　作为中性化服装的典型构成元素——牛仔服成为永不褪色的时尚

7. **民族风格**

民族风格是汲取中西民族服饰元素具有复古气息的服装风格。民族风格的服装是通过对各种民族服装的款式、色彩、图案、材质、装饰等不同因素的运用，再借用现代的新材料、工艺以及流行色等演绎的服装款式，如东方风格、波西米亚风格等。民族风格的服装常使用流苏、刺绣、珠片、盘扣、嵌条、补子等装饰手法。如波西米亚风格是一种浪漫随意和个性化的流浪民族的时装风格。其特点是鲜艳的手工装饰和粗犷厚重的面料，层层叠叠的荷叶边或褶皱，多层缠绕的串珠、流苏项链饰品等，弥漫着女性的狂野与浪漫。（图3-68）。

图 3-68　波西米亚风格服装

8. **田园风格**

田园风格的服装表现了大自然轻松恬淡、超凡脱俗的魅力。崇尚纯净自然的朴素美，反对虚假的华丽、烦琐的装饰和人工雕琢。宽松的款式，天然的材质，小方格、均匀条纹、花的图案，如米色、白色、绿色、淡褐色、栗色、灰蓝色等自然本色的色彩，都是田园风格中最常见的元素（图3-69）。现代工业污染对自然环境的破坏，繁华城市的嘈杂和拥挤，以及高节奏生活给人们带来种种的精神压力，使得许多人不由自主地喜欢这种风格以期得到精神的舒缓与解脱。

9. **城市风格**

城市风格是与田园风格相对立的服装风格。城市风格的服装与快节奏的生活方式相适应，款式多以套装、连衣裙为多，多选用黑白灰的色系，体现了理性与秩序之美（图3-70）。

图 3-69　绿色上衣配印花蓝裙体现了田园的轻松自然

图 3-70　低调的色彩，干练而不失舒适的裁剪，体现了城市女性独立、自信又洒脱的气质

面料考究、做工精良。配饰与衣服统一。青年人的日常便装造型简洁时尚，讲究服装的机能性，如方便洗涤、晾干等。

10. **松散风格**

松散风格的服装多用体和面的造型结合，廓型以A型和O型居多。服装造型自然宽大，线条多而曲折，装饰随意，色彩沉稳，一般采用粗糙、肌理疏松的棉麻织物。日本设计师高田贤三（Kenzo）是松散风格的代表人物（图3-71）。他把衣服做的宽大，强调直线所具有的大气和大方，面料采用棉织物。这种完全松弛的风格最大限度释放女性身体。崇尚简单结构的风格，没有张扬的外表，太绚丽的色彩，看是简单的款式结构总是蕴含丰富的变化。

图 3-71　日本高田贤三设计的服装

11. **华丽风格**

华丽风格的服装多采用立体造型，对比因素夸张，如上下装比例变化大，简繁对比鲜明，节奏感强，线性曲折多变，一般装饰较多，采用有光泽的色彩艳丽的面料。代表大师有迪奥（Christian Dior）（图3-72）。

12. **简洁风格**

简洁风格的服装是以快节奏的现代生活为背景，讲究舒适，在满足服装基本使用功能的基础上，尽量除去装饰，具有简洁合体的结构、简单的色彩组合、朴实的材料。廓型是设计的第一要素，既要考虑其本身的比例、节奏和平衡，又要考虑与人体的理想形象的协调关系。这种精心设计的廓型往往需要精致的材料、精确的结构和优良的工艺来完成。简洁风格的代表大师是意大利米兰设计师乔治·阿玛尼（Giorgio Armani），还有普拉达（Prada）、唐娜·卡兰（Donna Karan）等（图3-73、图3-74）。

图 3-72　迪奥女装一直是华丽女装的代名词

图 3-73　唐娜·卡兰的服装在于不浮夸的设计中见精彩细节

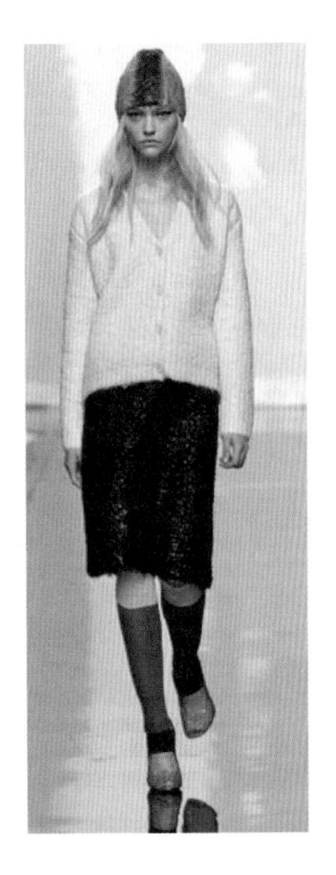

图 3-74　普拉达的设计在功能与美学之间取得完美平衡

13. **繁复风格**

繁复风格的服装多采用立体的造型，一般分割线复杂，局部造型多而琐碎，喜欢纯度、饱和度较高的色彩，多偏向于蕾丝、荷叶边、小碎花、缎带和蝴蝶结等装饰的设计。国内设计师张肇达的《西双版纳》系列属于繁复风格（图3–75）。国外代表大师法国让·路易谢瑞（Jean Louis Scherrer）。

14. 浪漫风格

浪漫风格的服装常以复古、怀旧、民族和异域等为主题，服装的造型精致奇特，一般从整体轮廓、细节都有柔和的曲线使用。色彩明亮多变，图案缤纷斑斓，多选择柔软透明、飘逸潇洒的服装面料。装饰手段丰富，毛边、流苏、刺绣、花边、抽褶、荷叶边、蝴蝶结、花饰等（图3–76）。尼娜·里奇（Nina Ricci）的服装是比较典型的浪漫风格服装，漂亮的色彩面料和款式，别致的外观，古典而且极度女性化。

图 3–75　张肇达《西双版纳》系列服装之一

图 3–76　华伦天奴（Valentino）的设计用荷叶边营造出浪漫的气息

思考与练习

1. 什么是着装风格?

2. 着装风格分为哪几种类型?

服饰搭配显身手

单 元 概 述： 学习服饰搭配知识的目的是掌握服装搭配的内在规律，为形象设计服务。本单元讲述职业装、休闲装、礼服的概念、类别和选择要点；讲述服饰搭配的一般步骤，包括认识自我的美、定位自我的风格、运用服饰搭配 TPO 原则，掌握服饰搭配规律。

单元学习目标： 1．了解职业装、休闲装、礼服的概念和分类。
2．理解职业装、休闲装、礼服的选择要点。
3．掌握服饰搭配的一般步骤。

单元四　服饰搭配显身手

主题一　设计自己的形象

一、职业装形象

1. 职业装的概念

职业装又称工作服，是为工作需要而特制的服装。职业装设计时需根据行业的要求，结合职业特征、团队文化、年龄结构、体型特征、穿着习惯等，从服装的色彩、面料、款式、造型、搭配等多方面考虑，为着装者打造富于内涵及品位的全新职业形象。

2. 职业装的分类

（1）行政职业装

行政职业装是商业行为和商业活动中最为流行的一种服饰，它是兼具职业装与时装特点的一类服装。它不像职业制服那样有明确的穿着规定与要求，但它有着很明显的流行属性和商业属性，需有一定的穿着场合，因此，这类服装十分追求品位与潮流，用料考究，造型上强调简洁与高雅，色彩追求协调，总体上注重体现穿着者的身份、文化修养及社会地位（图4–1）。适用于金融、保险、通信、国家机关、文物、交通等各企事业单位的窗口部门，主要款式为西装或变形西装，主要面料为各种含毛的贡丝锦、哔叽、新丰呢、板丝呢、金爽呢、双面呢等。

图 4–1　行政职业装

（2）职业制服

职业制服是一种体现自己的行业特点，并有别于其他行业而设计的着装。它具有明显的功能性与形象性双重含义。这种职业装不仅具有识别的象征意义，还具有规范人的行为作用。

商场营业类：主要适用于各种商场、超市、专卖、连锁、营业厅等（图4–2）。要求款式大方，色彩亲切，主要面料为各种涤棉衬衣类以及仿毛类、化纤类，面料如卡丹皇、制服呢、金爽呢、新丰呢、形象呢、仿毛贡丝锦等。

宾馆酒店类：主要适用各类档次宾馆酒店、餐厅、酒吧、咖啡厅等（图4–3）。对款式、色彩的敏感度要求高，品种较繁杂。面料除了常规材料外，另常用料为织锦缎、色丁、仿针织。

图 4-2　商业类制服

图 4-3　宾馆酒店制服

医疗卫生类：适用于各医疗单位及少量美容院、保健机构，款式较单一，常用面料为涤线平、涤卡、全棉纱卡等。

行政事业类：适用于各执法、行政服务部门，如公安、工商、税务、环保、国土、城管、渔政、水政、海关、公路、卫生、劳动等，适用的面料通常为同一选定的专用料。

学生类：常用面料为涤盖棉、金光绒、花瑶及其他化纤料。

（3）职业工装

是满足人体工学、护身功能来进行外形与结构的设计，强调保护、安全及卫生作业使命功能的服装（图4-4）。它是工业化生产的必然产物，并随着科学的进步、工业的发展及工作环境的改善而不断改进。

一般劳动防护类：主要适用各类工矿企业及其他行业的维修、管护岗位，一般要求服装具有一定的强度、宽松适于活动，常用面料有各种规格府绸、纱卡、帆布、线绢、线平、工装呢及少量纯化纤如卡丹皇等。

特种防护类：主要适用于某些特殊工种，常见有防静电服、防辐射服、防酸碱服、阻燃服、医用隔离服等等，面料通常为专用料。

3. 如何选择职业装

职业装反映了时代潮流，成为人们注视的焦点。那么如何选择才能使自己的职业装更具风采、更显魅力呢?

首先，应确定自己适合哪一种色彩类型。

一般来说，中性色是职业装的基本色调，如白（漂白、乳白等）、黑、米色、灰色、藏蓝、驼色等。春季可用较深的中性色，夏季可用较浅的中性色。根据不同场合、不同时间，选择不同色彩与之相配，这样就能迅速判断所选衣服是否符合需要，是否与自己衣柜里其他衣服的色彩协调。

图 4–4　职业工装

其次，应确定自己的最基本选择。

据统计，裙装最受职业女性青睐。每位职业女性几乎都有几套直裙配上衣套服，能应付各种场合的需要，再根据自己的生活习惯做些调整，这样就会避免漫无目的地选购造成经济损失。

需要提醒上班一族，购买服装的关键不在多，而在精。如果在名牌专卖店看到一套对你来说完美无缺非常中意的衣服，但价格昂贵甚至高出经济预算的三四倍。这时你应果断地买下来，而不要去买三四套便宜货，以免没有称心衣服。要知道，职业装是事业成功的一个重要因素，没有哪位品牌企业会雇用那些连自己形象都处理得随随便便的求职者。

此外，图案应与办公环境相协调。最好是中性色，图案以单色、不明显的同类色或稍明显的方格效果为好。

衬衫的套装也起到画龙点睛的作用，可以根据套装的颜色来选择衬衫。理想的领口是男式衬衫领，一颗纽扣可松开。理想的颜色是白色、米色、栗色、浅蓝色、中蓝色、黑色、浅灰色、铁锈色、可可色、浅褐色等。其中白色最受青睐，如带有淡淡复古意味的灰白、带点冷冷的紫色的雪白以及返朴归真的原白和炽白等。白衬衫因高雅、清晰而成为白领阶层最常用的衬衫，其魅力在于以不变应万变，任何颜色、任何款式均能与之搭配协调。如图4–5所示是职业套装的选择范例。

图 4-5　职业套装选择范例

4. **穿着要求**

穿着职业服装不仅是对服务对象的尊重，同时也使着装者有一种职业的自豪感、责任感，是敬业、乐业态度在服饰上的具体表现。规范穿着职业服装的要求是整齐、清洁、挺括、大方。

整齐：服装必须合身，袖长至手腕，裤长至脚面，裙长过膝盖，尤其是内衣不能外露；衬衫的领围以插入一指大小为宜，裤裙的腰围以插入五指为宜。不挽袖，不卷裤，不漏扣，不掉扣；领带、领结、飘带与衬衫领口的吻合要紧凑且不系歪；如有工号牌或标志牌，要佩戴在左胸正上方，有的岗位还要戴好帽子与手套。

清洁：衣裤无污垢、无油渍、无异味，领口与袖口处尤其要保持干净。

挺括：衣裤不起皱，穿前要烫平，穿后要挂好，做到上衣平整、裤线笔挺。

大方：款式简练、高雅，线条自然流畅，便于岗位接待服务。

二、休闲装形象

1. **休闲装的概念**

休闲装，俗称便装，它是人们在无拘无束、自由自在的休闲生活中穿着的服装。休闲，英文为“Casual”，此词在时装上覆盖的范围很广，日常穿着的便装、运动装、家居装，或把正装稍作改进的“休闲风格的时装”。总之，凡有别于严谨庄重的服装，都可称为休闲装。

2. **休闲装的分类**

休闲服装一般可以分为：前卫休闲、运动休闲、浪漫休闲、古典休闲、民俗休闲和乡村休闲等。

前卫休闲装：运用新型质地的面料，风格偏向未来型，比如用闪光面料制作的太空衫，是对未来穿着的想象（图4-6）。

图 4-6　前卫休闲装

图 4-7　运动休闲装

运动休闲装：具有明显的功能作用，以便在休闲运动中能够舒展自如，它以良好的自由度、功能性和运动感赢得了大众的青睐。如全棉T恤、涤棉套衫以及运动鞋等（图4-7）。

浪漫休闲装：以柔和圆顺的线条，变化丰富的浅淡色调，宽宽松松的超大形象，营造出一种浪漫的氛围和休闲的格调（图4-8）。

古典休闲装：构思简洁单纯，效果典雅端庄，强调面料的质地和精良的剪裁，显示出一种古典的美（图4-9）。

乡村休闲装：讲究自然、自由、自在的风格，服装造型随意、舒适。用手感粗犷而自然的材料，如麻、棉、皮革等制作服装，是人们返璞归真、崇尚自然的真情流露（图4-10）。

商务休闲装：既可摆脱平日压抑与呆板的职业装，又可以用于商业会谈与工作的需要，一般有条纹的POLO杉、休闲款西裤、休闲皮鞋（图4-11）。

图 4-8　浪漫休闲装

图 4-9　古典休闲装

图 4-10　乡村休闲装

图 4-11　商务休闲装

民俗休闲装：巧妙地运用民俗图案和蜡染、扎染、泼染等工艺，有很浓郁的民俗风味（图4–12）。

居家休闲装：在原本的休闲装中加入了居家服的元素，更加的自然、舒适，面料也以舒适的纯棉为主，体现活泼、阳光的自然之美（图4–13）。

图 4–12　民俗休闲装

图 4–13　居家休闲装

3. 如何选择休闲装

由于男性与女性的服装搭配的原则和标准不同，所以在选择休闲装时要充分考虑男性和女性穿着搭配因素。女性穿着搭配因素有以下三点：

（1）服色与肤色

冷色系会使苍白的肤色罩上一层阴影，使人显得精神萎靡。稍暖一些的浅红色，可使苍白的面容容光焕发，生机勃勃。阴冷的青紫色使肤色偏黑的人缺乏生机和光泽。黑黄的皮肤可选用浅色质的混合色，以冲淡服色与肤色对比，白里透红是上好的肤色，不宜再用强烈的色系去破坏这种天然色彩，选择素淡的色系，反可烘托出天生丽质来。

（2）服色与性格

对于热情、开朗的人适宜穿强烈、明快的色系的服装。文静、娴雅的人适宜穿素洁色系的服装。端庄稳重的人适宜穿清冷深沉色系的服装。当然这并不是绝对的，还可以根据个人的特点，确定几个色系服装。

（3）款式的选择

款式的选择主要取决于体型和年龄，也要考虑职业、性格等方面的因素。人的体型多种多样，如何巧妙地扬长避短，衬托出人体的自然美，是服装的一大任务。因此，在选购服装之前，必须充分了解自己身体的各个部位，了解自己体型的优劣所在。如果体型小巧，可以选择颜色偏浅、质感强、有弹性、松紧适中、款式简洁的服装。避免选用色泽深沉，质地较硬，线条复杂的服装。 如果身材矮胖，不妨选择质地柔软，花色素雅，腰身适合并有纵向感的服装。不宜穿质地粗厚，色彩热烈，过于紧身或线条不流畅的服装。 如果腰显粗，可以借助开衫掩饰。也可夸张上身和下摆，使腰相对显细。 如果腿较短，最好选择连衣裙类，并将裙腰上提，再用宽腰带束腰。

男性穿着搭配因素有以下十点：

（1）肩部大于臀部

这种类型的体态比较匀称，对服装的选择面较大。

（2）肩部与臀部相当

属于高体型，在服装上可用深色和水平线因素来增加重量感。

（3）肩部小于臀部

属于矮胖体型，面料的纹样多选择垂直线型，并且需要比较平整的面料。款式免横向对称服饰线和纽扣的安排。选用细些皮带较合适。

（4）肥胖体型

肥胖体形的男士在整体上有敦实之美，为了看上去再苗条些，可以选择带有垂直线型的款式，使视觉上有延伸和狭窄感。面料纹样上带垂直性，紧密细腻感的织物是好的选择，避免款式上出现与肩部相对应的横线以及腰部宽松的式样。平整的肩部式样，V型领和竖式的配饰安排，能使重量看上去轻一些。

（5）腿短而弯曲型

弯曲腿型的男士，要注重裤装与上衣的搭配关系。下装在色彩上应比上装淡些，面料宜带有毛质感。整体着装上不宜朝深调发展。在款式上，上装变化宜多些，视线可集中在上部，如加适量的配饰等。裤装不宜太紧身，应有一定的宽松度。

（6）矮瘦平臀型

在服装上不宜太紧身，应在着装上有一定的宽松度。

（7）腿短且丰臀型

此种体型多注意扣紧领部，增加些延伸感。多选择些条纹，格状上衣和细深皮带，可以转移别人的视线，同时，鞋类也应浅淡些。

（8）脸大且脖短粗型

男子的脖子短、有个双下巴或者下额部分碰到衣领，那么就需要对衣领进行调整，使它适合脖子。

（9）肩宽斜且手臂粗型

如果男士的肩部相对臂部来说太宽斜，就需要增加腰部的宽度，如选择带盖的口袋来增加宽度，避免宽大翻领或船形领。如果肩部还有些斜，可用垫肩。如果手臂粗短，可使袖口长度比原先长些，并且减小袖口翻折宽度。臂上尽量不要有装饰物，会在视觉上显得长些。

（10）臀突且圆背

如果男士有个突出的臀部和圆背，需要背部带有中心开衩的服装弥补或利用柔软的外套盖住臀部，看上去背部到臀部平顺些。对于圆背，最好选择些有色彩、质地粗些的织物的服装。

总之，在服饰上不要一味地生搬硬套，服装各类因素与自身相吻合，才是最重要的。

三、礼服形象

1. 礼服的概念

礼服是指在某些重大场合，参与者所穿着的庄重且正式的服装。

2. 女装礼服

（1）晚礼服

产生于西方社交活动中，在晚间正式聚会、仪式、典礼上穿着的礼仪用服装。裙长长及脚背，面料追求飘逸、垂感好，颜色以黑色最为隆重。晚礼服风格各异，西式长礼服袒胸露背，呈现女性风韵。中式晚礼服高贵典雅，塑造特有的东方风韵，还有中西合璧的时尚新款。与晚礼服搭配的服饰适宜选择典雅华贵、夸张的造型，凸显女性特点（图4–14）。

（2）小礼服

是在晚间或日间的鸡尾酒会、正式聚会、仪式典礼上穿着的礼仪用服装。裙长在膝盖上下5cm，适宜年轻女性穿着。与小礼服搭配的服饰适宜选择简洁、流畅的款式，着重呼应服装所表现的风格（图4–15）。

（3）裙套装礼服

是职业女性在职业场合出席庆典、仪式时穿着的礼仪用服装。裙套装礼服显现的是优雅、端庄、干练的职业女性风采。与短裙套装礼服搭配的服饰体现的是含蓄庄重，以珍珠饰

图4–14　晚礼服

图4–15　小礼服

品为首选（图4–16）。

（4）婚礼礼服

婚礼礼服即新娘与新郎举行婚礼时穿着的服装。现代婚礼有的穿传统民族服装的衫、袄、旗袍；有的穿西式婚礼服，即新郎穿西装，新娘穿裙装。新娘裙装通常为高腰式连衣裙，裙后摆长拖及地。裙装面料多采用缎子、棱纹绸等面料（图4–17）。

图 4–16 裙套装礼服

图 4–17 婚礼礼服

3. **男装礼服**

男装礼服可分为第一礼服、大礼服和日常礼服三类。

（1）第一礼服

这是特定礼仪和社交的装束，它的搭配有相当多的繁文缛节，带有明显的旧贵族的矫情。第一礼服可分为夜间穿的燕尾服和白天穿的大礼服两种。男装燕尾服是男士出席晚上18时以后的正式场合穿的服装。由于它的特殊性，燕尾服的形式相对固定，属于比较好认的一类，颜色多为黑色或深蓝色。燕尾服穿着时不系扣，只在前身设双排六粒扣装饰。与燕尾服搭配的是方领或青果领的白色礼服背心；内里穿的是白色双翼领礼服衬衣，胸前有“U”胸衬，配白色领结；下身配与礼服同料的不翻脚长裤，两侧饰有缎面条形装饰；手套和胸前装饰巾都应为白色；脚穿黑色袜子及漆皮皮鞋。不过，除了国家级的典礼、婚礼、大型乐队指挥、古典交际舞比赛、豪华宾馆指定的公关先生外，现在很少有场合穿着它们了。

（2）大礼服

大礼服是白天穿着的正式礼服，与燕尾服级别相同。这种服装比较少见，而且容易与燕尾服弄混，最简单的认法就是，大礼服前身腰部只有一颗扣搭门，颜色除了黑色还有银灰色。与其搭配的有：双排六粒扣夹领礼服背心，或一般形式的背心；白色双翼式或普通礼服衬衣；黑灰条或银灰色领带，新郎官也可以系素色的围巾式的阿斯克（Ascot）领巾；手套为白或灰色；胸袋装饰巾为白色；袜子和鞋为黑色。

大礼服是公式化场合行使礼仪的装束，如国家级的就职典礼，授勋仪式，日间大型古典音乐的指挥，不过近几年，大礼服已渐渐被黑色西服替代，但值得注意的是大礼服不可与燕尾服弄混。正式礼服，是第一礼服的简装版本，在现代的隆重场合，人们一般用它们代替燕尾服和大礼服。它们亦有日夜之分。

（3）日常礼服

日常礼服为大礼服的简略版。它的形式与一般西服类似，一般为单排一粒扣或两粒扣，领型为戗驳领。日常礼服用于参加日间的各种正式场合。黑色套装对于较正式又没有明确要求穿着的场合，为保险可以穿着黑色套装，可以相对宽松，有一点设计感。

但作为礼服，它还是需要我们对细节有所讲究：首先它应为黑色系，配饰也相应地应该避免过于华丽的色彩，形式多采用双排四粒扣戗驳领，无兜盖双开线，与上衣同料的非翻脚裤，衬衣用普通领型，带胸褶皱或用一般衬衣，系黑色领结或银灰色领带，有时也采用双排六粒扣戗驳领的形式。

4. 如何选择礼服

身材高挑修长的女性穿任何款式皆好。而个子娇小的人则应避免蓬裙，选择线条简单的款式为宜，最好是高腰设计的礼服，可将腿部的线条拉长。

体态比较丰腴的人，宜穿着低胸或露背的款式，除可展现胸部丰满的优点外，还可拉长颈部的线条。另外，可尝试长袖礼服，或是另加披肩，将略粗的臂膀遮掩起来。

至于身材比较纤细的人，上半身要穿合体一点的款式，下半身可选择蓬裙样式，由于瘦人双臂骨架较小，最好选择长袖或是蓬蓬袖的设计，如果不喜欢这种类型的礼服，建议您戴长手套作为装饰，可使整个人看起来不会太单薄。

脖子比较长的人，最适合选择高领，避免V型、U型或低肩的礼服，也不要选择细细的一条的项链。脖子比较短的女性，V领、U领、一字领都是最好选择，有双下巴的女性，在领型的选择上，要把握住一个重点，就是不要包，多露一点。发型上力求简单，配饰上也尽量不要太过复杂，精巧而不复杂的车绣，让视线转移。

除了身材之外，脸形也是选择礼服的参考要素之一，圆脸或颈部较短的人以落肩、低胸或V型领的款式为佳；方型脸的人可试试V型或是桃心领样式，应避免四角领设计；倒三角脸与桃心领不搭配，可选择大圆领款式；至于人见人爱的鸭蛋脸就幸运多了，没有什么特别限制。

男性选择礼服没有女性那么挑剔，把握好参加何种场合，选择合适合体的礼服即可。

思考与练习

1. 什么是职业装？职业装分为哪些类别？
2. 什么是休闲装？休闲装分为哪些类别？
3. 女装礼服分为哪几类？各有何特点？

主题二　服饰搭配的一般步骤

一、认识我的美

大千世界各色人等各有其美，哪怕是再丑的人也有其独特的亮点。当然再漂亮的人也会因时间的流逝而姿色渐失。无论属于何种状态，认识自我的美，了解自我存在的缺陷都很重要。生活中，有的人美在一张脸，也可能只是美在眼睛，有的人美在身材，有的人美在肤色，有的人美在一头秀发，只要善于用服装去巧饰，就会给他人留下美好的映像。

当然，大眼睛固然好看，但若化妆、着装不当反见其丑。罗圈腿固然不好看，若穿宽松裤或着长裙子就能很好地掩盖缺陷。着装的目的就在于扬长避短。认识自我的美，了解自我的丑，用服装获取美好形象。比如，某个女人身材好看，但长相一般，那么着装就要突出身材的曲线，配合在面部以下的领部或胸部，配上领饰或别上胸花，从而分散人们投向她面部的视线，有效地把人的目光引导去欣赏她的身材。用服装去放大人们的优点，掩盖存在的缺陷，是服饰搭配艺术根本要求。

二、定位我的风格

穿着跟着流行走重要？还是穿着得体，显现个人的风格重要？事实上，在“社会指标”可以接受的范围内，穿出个人的风格要重于流行。因为唯有“风格”才能注入生命力，否则跟满街的“复制品”又有何不同呢？

1. 认识着装风格

能够给今天的我们留下深刻印象的穿衣高手，不论是设计师还是名人，其原因只有一个，就是他们创造了自己的风格。一个人不能妄谈拥有自己的一套美学，但应该有自己的审美品位。而要做到这一点，就不能被千变万化的潮流所左右，而应该在自己所欣赏的审美基调中，加入时尚元素，融合成个人品位。融合了个人的气质、涵养、风格的穿着会体现出个性，而个性是穿衣之道的最高境界。

2. 覆盖面最广的四种着装风格

通过研究，在众多的着装风格中，有四种着装造型风格被人们常常选用。接下来的小测验可以很快帮你找出自己的型：以下的四套服饰中（图4–18），如果只能选择一套，你的选择是？

（1）如果你选择A那你就是艺术型［图4–18（a）］。

此型所带来的是独树一帜、引人注目、创意大胆、前卫极端的整体印象。

顾名思义，艺术型的穿着所带出的艺术性最强，因此，独特耀眼的装扮正是此型的特有专利。狂野、狐媚、民俗风味、科技性或艺术性的表现；抽象的、大胆的或特殊图案的印花；追随流行尖端质感的布料；强烈独特的配色、耀眼夸大的首饰；或者上下身非整套的创意组合搭配等，都是表现艺术性特色最佳的方法。

（2）如果你选择B那你就典雅型［图4–18（b）］。

(a) A

(b) B

(c) C

(d) D

图 4–18

此型给人保守优雅、简单大方、稳重端庄、智慧精炼的整体印象。

在穿着的选择上，绝对要避免太过前卫、耀眼刺目的装扮，因为典雅型女人特有的优点正是温和保守的优雅感。因此，无论在款式、面料、印花、色彩、搭配，甚至彩妆都要把持住“不温不火、不多不少”的原则，以质感良好、做工精细、剪裁大方、不失流行的高级服装取胜。

（3）如果你选择C那你就是休闲型［图4-18（c）］。

此型给人以精力充沛、亲切友善、潇洒自然、干净简单的整体印象。

任何休闲服、带有轻松自然感觉的款式、布料、配饰最适合休闲型的女人；要避免复杂、豪华、使人眼花缭乱的搭配，因为简单、自然、不做作的打扮才能衬托出洒脱的潇洒风格。

（4）如果你选择D那你就是浪漫型［图4-18（d）］。

成熟妩媚的女人味是此型的最大特征。

适合任何可营造浪漫气息或女性化感觉的服饰，例如：凹凸有致的款式、线条柔软的剪裁、柔美的印花或女性化的布料，如丝绒、蕾丝、薄纱等，都可以显现出浪漫型女人的优点。

（5）如果你喜欢的不止一种型

一般而言，你所选择的这一类型可以成为你的主型。如果你觉得喜欢的不止一套，或者难以说得上喜欢哪一套，因为没有一件是全然喜欢的，例如你喜欢B式的简单大方、C式的帅气、D式的浪漫，这都是十分正常的反应，因为大部分女性是好几种型的混合。但是选定一种型为主型，不仅让你的特色更为突出，搭配上也会更容易、更经济。

3. 衣服要与你的年龄、身份、地位一起成长

西方学者雅波特认为，在人与人的互动行为中，别人对你的观感只有7%是通过你的谈话内容，有38%是观察你的表达方式和沟通技巧（如态度、语气、形体语言等），但却有55%是判断你的外表是否和你的表现相称，也就是你看起来像不像你所表现出来的那个样子。因此，踏入职场之后，那些慵懒随意的学生形象或者娇娇女般的梦幻风格都要主动回避。随着年龄的增加、职位的改变，你的穿着打扮应该与之相称，因为衣着是你的第一张名片。

4. 基本服饰是你的镇山之宝

服饰的流行是没有尽头的，但一些基本的服饰是没有流行不流行之说的，比如及膝裙、粗花呢宽腿长裤、白衬衫……，这些都是“衣坛常青树”，历久弥新，哪怕10年也不会过时。这些衣物是你衣橱的“镇山之宝”不仅穿起来好看，穿着时间也长，绝对值得。拥有了一批这样的基本服饰，每年、每季只要根据时尚风向，适当选购一些流行服饰来搭配就行了。

三、TPO原则

1. TPO概念

TPO即着装要考虑到时间“Time”、地点“Place”、场合“Occasion”，它的含义是要求人们着装时应当兼顾时间、地点、目的，并能协调一致。

时间：从时间上讲，一年有春、夏、秋、冬四季的交替，一天有24小时变化，显而易

见，在不同的时间里，着装的类别、式样、造型应有所变化。比如，冬天要穿保暖、御寒的冬装；夏天要穿通气、吸汗、凉爽的夏装。白天穿的衣服需要面对他人，应当合身、严谨；晚上穿的衣服不为外人所见，应当宽大、随意等等。

地点：从地点上讲，置身在室内或室外，驻足于闹市或乡村，停留在国内或国外，身处于单位或家中，在这些不同的地点，着装的款式理当有所不同，切不可以不变而应万变。例如，穿泳装出现在海滨、浴场是人们司空见惯的，但若是穿它去上班、逛街则会令人哗然。在国内，一位少女只要愿意，随时可以穿小背心、超短裙，但她若是以这身行头出现在着装保守的阿拉伯国家，就显得有些不尊重当地人了。

目的：从目的上讲，人们的着装往往体现着一定的意愿，即自己对着装留给他人的印象如何，是有一定预期的。服装的款式在表现服装的目的性方面发挥着一定的作用。自尊，还是敬人；颓废，还是消沉；放肆，还是嚣张，应适应自己扮演的社会角色。

2. 着装的TPO原则

时间原则：衣着要应时而变。男士着一套质地上乘的深色西装或休闲装，或许可以走遍天下，而女士的着装则要随时间而变换。白天工作时，女士应穿着正式套装，以体现专业性；晚上出席鸡尾酒会就须多加一些修饰，如换一双高跟鞋，戴上有光泽的佩饰，围一条漂亮的丝巾。服装的选择还要适合季节气候特点，保持与潮流趋势同步。

地点原则：衣着要因地制宜。在自己家里接待客人，可以穿着舒适但整洁的休闲服；如果是去公司或单位拜访，穿职业套装会显得更专业；外出时要顾及当地的传统和风俗习惯，如去教堂或寺庙等场所，不能穿过露或过短的服装。

场合原则：衣着要与场合协调。与顾客会谈、参加正式会议等，衣着应庄重考究；听音乐会或看芭蕾舞，则应按惯例着正装；出席正式宴会时，则应穿中国的传统旗袍或西方的长裙晚礼服；而在朋友聚会、郊游等场合，着装应轻便舒适。试想一下在朋友聚会、郊游等场合，如果大家都穿便装，你却穿礼服就缺乏轻松感。同样的，如果以便装出席正式宴会，不但是对宴会主人的不尊重，也会令自己颇觉尴尬。

穿着打扮必须考虑在什么季节、什么特定的时间，比如说工作时间、娱乐时间、社交时间等。也必须考虑到要去的目的地、场合，工作场合需要工作装，社交场合穿正装。还有就是要考虑到目的性，比如为了表达自己悲伤的心情，可以穿着深色、灰色的衣服等。一个人身着款式庄重的服装前去应聘新职、洽谈生意，说明他郑重其事、渴望成功。而在这类场合，若选择款式暴露、性感的服装，则表示自视甚高，对求职、生意的重视，远远不及对其本人的重视。

“云想衣裳花想容”，相对于偏稳重单调的男士着装，女士们的着装则亮丽丰富得多。得体的穿着，不仅可以显得更加美丽，还可以体现出一个现代文明人良好的修养和独特的品位。

四、搭配步骤

在设计好自我形象、确定相应着装风格、考虑了着装TPO原则以后，接下来就是服装搭配的步骤问题，建议着装遵循以下步骤。

1. **套装搭配步骤**

所谓套装是指设计师已经设计好的完整的成套系列，包括外套、外套内的衣服，甚至包括鞋帽。这样的着装搭配比较简单，在选择好套装后，配上合适的首饰和配饰就可以了。

2. **单件装搭配步骤**

人们购买服装都是单件购买比较多见，单件与单件的组合搭配是常态。因此，掌握单件组合搭配实用性更强。单件装搭配步骤是：

上衣外套→裤子/裙子→衬衫/羊毛衫→鞋袜→帽子→围巾→腰带→首饰→配饰（包、手表、伞等）。

搭配要点：

（1）款式风格

单件组合，款式风格一致是前提。当然也有另类的混搭，但另类的混搭和时尚流行应保持一致。

（2）服装色彩

色彩一般是在统一的前提下强调对比。当上下装色彩反差太大，可以通过鞋子、帽子、围巾、腰带、包包等配饰品加以调和。当然，色彩组合也不能过于强调统一，过于统一就会显得单调，因此也要通过鞋子、帽子、围巾、腰带、包包等配饰品加以强调，使之获得适当的对比效果。无彩色的黑白灰与纯度较高的色彩搭配往往是较理想的搭配。

（3）服装材料

一般而言，单件组合搭配的衣服可能存在较大的面料差异，协调好面料的差异至关重要。切记，一定要让占主要地位的上下装材料保持相近，让可见的内衣和配饰与上下装保持适当的差异。

（4）配饰

配饰具有丰富和点缀作用，搭配一般做到适可而止为宜，切不可堆砌，佩戴首饰千万不可项链、耳饰、戒指、手镯一起上，否则俗不可耐，有失品味。

图4-19为单件装搭配案例。

图 4-19 单件装搭配案例

思考与练习

1．设计一份表格，列举你的个人着装信息，包括：身高、体型、肤色、脸型、上下身比例、性格、喜爱的色彩以及身体的优点和不足之处等，然后判断自己的着装风格属于哪种类型。

2．着装的 TPO 原则是什么？

3．单件服装的搭配步骤和要点是什么？

小配饰大作用

单 元 概 述： 配饰品是人们在日常穿着和形象塑造时必不可少的元素。配饰品不仅能完美弥补服装的不足，还能起到点缀、强调和画龙点睛的作用。随着物质水平提高，人们的精神需求也越来越高，因此，配饰品在提供实用功能的同时，其装饰性功能也日趋得到人们的重视。

单元学习目标： 1．了解配饰品的种类。

2．理解配饰品的特点。

3．掌握配饰品选择搭配原则。

单元五　小配饰大作用

主题一　不可忽视的四小件

服饰品的种类繁多，分类的方法也很多。根据佩戴的部位可以分为：头饰，主要有帽、簪、发带、头花等；颈饰，主要有项链、领带、围巾等；胸饰，主要有胸花、胸针、手巾、徽章等；腰饰，主要有腰带、腰链等；手饰，主要有戒指、手镯、手套、手表、臂钏等；足饰，主要有鞋、袜、脚链等。根据服饰品的功能分，可将服饰品分为实用性和装饰性两大类。如鞋、帽、袜、手套、腰带、包、围巾、手帕、眼镜、雨伞等主要具有实用的功能，同时也具有装饰功能；而项链、头花、胸针、耳环、手镯等服饰品主要具有装饰功能。在众多的服饰品中，鞋、帽、包、巾是最不可忽视的四小件（图5-1）。

图 5-1　鞋、帽、包、巾

一、鞋

鞋子是服饰品中最具实用性质的物品之一。一个人的行动和全部重量都要由脚来承担，人行走的姿态、体态和风度都是靠行走的动势来展现的。中国人常将那些阴损使坏让别人饱尝痛苦滋味的行为称为“穿小鞋”，可见选择鞋子舒服与否是至关重要的。因此鞋子的选择是建立在合脚的基础上，其次才是考虑造型、款式、色彩等因素。

1. 鞋与靴

鞋子的种类很多。从设计角度区分，通常将脚踝骨以下称为鞋，脚踝骨以上称为靴。现代的鞋子根据服装款式的变化形成新的格局，无论是造型还是款式品种都比以前大大丰富。市场上人们总可以购买到与自己服装风格相匹配的鞋子。各种高科技使制鞋的材料质地和制作工艺更加完美。人们不但追求鞋子的适用与审美，还不断地研究鞋子的各种功能，如透气性、保暖性、舒适性，并从卫生、科学的角度加以追求。近几年因旅游业的迅速兴起和全民健身运动的大力普及，运动鞋成为现代人生活中必不可少的一员。在制作材料、加工工艺上也越来越科学，越来越人性化。运动鞋紧跟市场，以其丰富变化的造型和时尚的色彩装饰，受到了许多年轻人的青睐（图5–2～图5–5）。

图 5–2　黄铜圆铆钉规则地点缀在鞋跟和鞋底周边部位，有令人耳目一新的感觉。与绒面皮质搭配得恰到好处

图 5–3　黑色鞋履上搭配了缎面的蝴蝶结，简单大气中不失优雅时尚

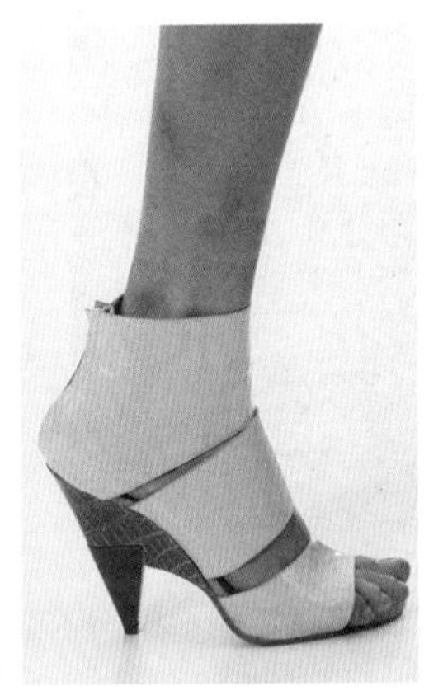

图 5–4　香奈儿鞋特别的设计是金色鞋底连接到黑色鞋跟的小“桥”，利落的线条组合出建筑般的庄重大气

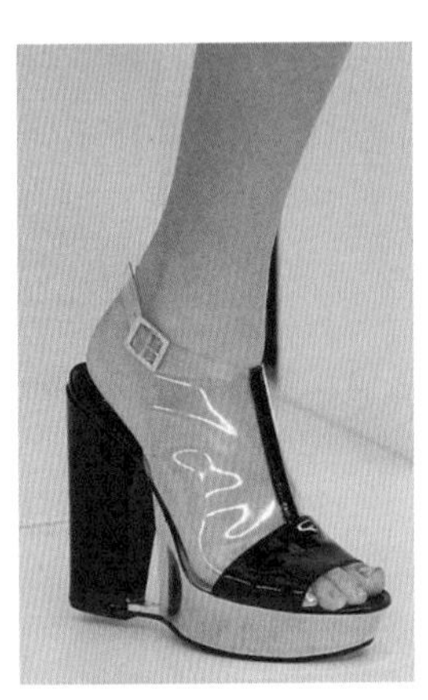

图 5–5　简洁独特的几何形露趾踝靴，更多的细节和装饰元素藏在了鞋跟

高跟鞋是女士们非常热爱的一种鞋子。自从16世纪面世以来，已经流行了400年。高跟鞋能使脚背形成优美的弧线，小腿肌肉微微紧绷，体态随之变得颀长挺拔，穿上高跟鞋某种程度上能增加女性的自信。高跟鞋的地位让设计师在高跟鞋款式的推陈出新上可谓费尽心机。无论是高度还是造型的变化都十分丰富。鞋跟的高度通常分为四种：0.8～1㎝为平跟，2～3.5㎝为低跟，4～6㎝为中跟，大于7㎝为高跟。鞋跟的样式有坡跟、橄榄跟、调羹跟、菱形跟、酒杯跟等许多种几何形的变化。美国加利福尼亚的一位整形外科医生还发明了可换跟式的女鞋。这

种鞋在鞋体和鞋跟的连接处装置了一个金属卡子，换跟时将鞋跟插入金属卡子即可。通常一双女鞋可有3～7对不同形状和高矮的鞋跟供更换，是个非常实用又人性化的设计。加上构成材料的更新和运用以及千变万化的装饰工艺和装饰手段，使得人们总有喜欢高跟鞋的理由。

鞋的装饰非常丰富，主要有丝带、花边、蝴蝶结、花朵、金银镶边、镶珠宝或人造珠宝、标牌、绣花、以及各种各样的装饰物。鞋的装饰视鞋的造型而定。各种鞋的辅料也可完善鞋的设计。主要有各种扣、襻、带、气眼、拉链、松紧等。

靴子是近几年女性们热衷的鞋款。无论是鞋帮的高低变换还是装饰的手法都十分丰富，材质和色彩的变化更是多样。靴子的盛行还给袜子造就了极大的设计空间。袜子与其他较贵的服饰品相比，是既经济又实惠的品种。巧妙的搭配不仅可以调节人体的比例，还可以增加服装色彩的节奏变化（图5–6、图5–7）。

图 5–6　靴子的盛行给袜子造就了极大的设计空间

图 5–7　靴子无论是搭配帅气的裤装，还是优雅的裙装，都可展现非凡的魅力

2. **鞋的搭配规律**

（1）鞋子与服装的关系

鞋子的选择最重要的是看鞋子与服装以及环境是否相配。风格统一的鞋子和服装搭配才和谐。现在鞋子的功能及使用场合区别比较细，办公室的职业女性着装在于塑造精明果敢的形象，选择高度为2～3厘米、款式造型简单的高跟鞋是个不错的选择。著名心理学家约翰·莫洛依的试验结果证明，办公室穿高跟鞋的女性要比穿平底鞋女性更加自信，具有更高的办事效率。而运动鞋、休闲鞋、露趾的凉鞋则是不太适合的选择。鞋子的颜色与衣服要相配，简单的办法是选择与衣服同一个色系，或者与皮包的颜色呼应。也可以准备几双常用色的鞋，如白、黑、棕、灰、蓝等。黑白（乳白、米色）灰的鞋子可以配任何彩色的衣服，白色鞋使人轻盈，有向上感，常在夏季使用。棕色鞋配暖色系的衣服，蓝色鞋配冷色系的衣服。

（2）鞋子与着装者的关系

高跟鞋的选择跟自身的体型有很大的关系。矮个子的人不宜选择过高的高跟鞋，会使自己的矮个愈发明显，过于颜色鲜艳的鞋子会吸引别人的视线集中于脚上，无形中会使个子显得更矮。脚踝或小腿比较粗的人应该选择造型、工艺都比较简单的鞋子。复杂的如搭襻、绳带结构设计和繁缛的装饰工艺只会加重脚部的量感，更要拒绝那些感觉不能承受身体之重的极细鞋跟的鞋款。

袜子也成为当今服饰艺术中不可缺少的服饰品之一。袜的造型、色彩质地与服装紧密相关，相互呼应。着正式的套装裙，丝袜的色彩要与服装相谐调而不能过于张扬；短筒带各色花边翻口的袜子适合年轻的女子或小姑娘穿着；前卫色彩的高筒袜是突出少女天真活泼青春浪漫的好款式。腿部较粗的女性适宜选择深色或带隐性条纹的丝袜，尽量不要选择长至小腿肚的中筒袜或有光泽感的袜子。此外，在平时的穿着中尤其要注意，露出脱丝和破洞的袜子是不够雅观的。对比强烈的鞋袜只会产生刺目的效果。

二、帽

香奈儿曾经说过：“帽子是人类文明开始的标志”。帽子属于服饰搭配中十分重要的组成部分。帽子具有非常显著的装饰效果。帽子对人的外形和服装的整体的影响是最大的，也是最明显和有效果的。往往有些人戴和不戴帽子的感觉前后判若两人。现代越来越多的人认识到帽子对人对服装的装饰性。不管什么季节什么场合选择一顶适合自己的帽子都会让你与众不同。把握好帽子的使用场合，是选择佩戴帽子的关键。

1. 帽子的种类

（1）礼仪用帽

礼帽：礼帽有罐罐帽、中折帽、圆顶礼帽等。罐罐帽是一种轻便礼帽，一般帽顶为平顶，帽身上下一样大呈直立状，一般在正式场合使用（图5-8）。而中折帽通常作为便礼帽，是男性使用较多的帽子，帽顶中间下凹，19世纪末英国皇太子曾佩戴它，因而风行起来。

宽檐帽：宽檐帽的装饰色彩较浓，一般用于礼仪或婚礼场合。帽檐上一般用缎带、人造花、蕾丝、纱网、珠子等装饰，十分华美（图5-9）。

豆蔻帽：豆蔻帽又称作“花钵帽”，呈碗状，是一种源于土耳其的帽型。没有帽檐。是一种适合于正式社交场合的帽型（图5-10）。

图 5-8　礼帽

图 5-9　宽檐帽

图 5-10　豆蔻帽

药盒帽：药盒帽是一种帽身较小较浅的圆形无檐帽型，因形状恰似药盒而得名。通常装饰有刺绣、纱网、羽毛、人造花、金属珠片等，是一种在正式场合中使用的装饰性较强的帽型。

（2）日常用帽

钟形帽：钟形帽在20世纪20年代最为流行。因帽身呈上小下大形像一个挂钟而得名。帽顶较高，帽身的形态方中带圆，窄帽檐自然下垂。钟形帽在许多正式场合和日常生活中都可以使用，是一种实用性很广的帽型（图5-11）。

图 5-11　钟形帽

贝雷帽：贝雷帽在 19 世纪 80 年代、第二次世界大战期间、20 世纪 60 ~ 70 年代最为流行。这种帽型无帽檐，帽边的宽窄时常有变化。具有柔软精美、潇洒大方的特点。其中绿色贝雷帽还是美国特种部队所用的制服帽。是一种在正式场合和日常生活中男女都可以使用的较实用的帽子（图 5-12）。

图 5-12　贝雷帽

翻折帽：翻折帽有全翻和半翻之分，全翻是指整个帽檐向上翻折，半翻又分前翻、后翻、侧翻等。翻折帽给人以轻松活泼感，是日常生活或旅游时使用的实用帽型。其中帽檐两边向上翻卷的牛仔帽因在美国西部长期流行，因此也叫“西部帽”，无论男女佩戴这种帽子都具有一种粗犷帅气的野性美（图5-13）。

发箍式帽子：发箍式帽子属于半帽，形式多样、丰富，有的是一个花结，有的是一块装饰性的小头巾。装饰花结一般用单色或圆点缎带做成，或者与发箍材料一致的面料做，发箍式帽子从单纯的日常生活到正式场合都适合使用，是最受年轻人的喜爱的帽型（图5-14）。

图 5-13　翻折帽

图 5-14　发箍式帽子

（3）运动业余用帽

鸭舌帽：鸭舌帽因为帽檐前面伸出的部分形似鸭舌而得名，通常帽身和帽檐的部分运用不同的材质，对比强烈，是一种男女都可以佩戴的帽型（图5-15）。鸭舌帽的造型较丰富，帽身的分割线变化较多，有平顶鸭舌帽、圆顶鸭舌帽、贝雷鸭舌帽等。

图 5-15　鸭舌帽

从古至今，帽子的款式和风格都在发生着丰富的变化。不同的场合对于帽子的要求也各不相同。对于帽子的选择既要考虑社会长期形成的审美习惯，又要分析实际场合是侧重帽子的实用性还是装饰性。

2. **帽子的搭配规律**

每个人都拥有不同的形象和风格特征。佩戴帽子的重点是要与个人的形象气质相符合。因此，不同的脸型、体型以及着装，都是选择帽子的关键因素。

（1）帽子与脸型

帽子的选择与脸型有着密切的关系。选择一顶合适的帽子能为平淡的面容增添出人意料的神采（图5-16）。帽子的佩戴方法、位置、角度、深浅都可以改变整体的感觉。帽围的形式和帽檐的宽度以及倾斜的程度等都要均衡。还要注意脸与帽子体积的比例关系、脸与帽子的线条关系。标准的脸型椭圆形脸（瓜子脸）适合佩戴各种款式的帽子，拥有较大的挑选余地。圆形的脸属于比较丰满的脸型，比较忌讳戴那种将头包的过紧的小圆帽或钟形帽，会显得脸更圆而帽子小，应该选择一些外轮廓线硬朗明快的帽子，可以使面容略显清秀；选择比较高的帽子可以使脸略长一些；斜戴一顶贝雷帽或俏皮宽大的鸭舌帽，会显得年轻活泼；方形的脸适宜选择线条柔和的帽形以冲淡硬朗的外形，如女性味十足的圆顶钟形帽；长脸的人戴过高的帽子会使脸越显的长，选择较宽帽檐的平顶浅帽则可以达到视觉的平衡。

图 5-16　针织帽伸缩能力很强，能够改变面部的轮廓，受到许多人的喜爱

面容的肤色与帽子颜色要和谐。肤色黑或白的人选色余地比较大。气色不好的灰黄色皮肤适宜选择饱和度不太高的灰色系列，不适宜戴色彩艳丽的帽子。

（2）帽子与体型

帽子的选择还与佩戴者的体型有关。人的体型总有高矮胖瘦的差异，选择适宜的帽子可以巧妙地调整体型。体型高挑的人戴过小的帽子容易造成头轻脚重的错觉，选择体积大点或者装饰繁缛的帽子可以达到量感上的平衡；个子矮小的人选择样式简单做工精良的帽子会显得很有精神；选择帽子与衣服同色系，可给人修长印象。把握帽子的高度也很重要，适宜的高度会使个子显高一些，而过高则显得滑稽了。如果头型相对身体偏大，适宜选择宽松的头巾帽增加体量感达到与身体的协调，不可戴紧贴头皮突出脸庞的无檐软帽。而那些过于肥胖的体型，还是选择稍大一些的帽子为好。

（3）帽子与服装

选择帽子不仅要掌握戴帽的技巧，注意与头型、体型的相配，还要从材料、色彩、款式等方面考虑与服装的整体协调。从材料方面来说，棉布、薄纱网状纺织物等薄型面料制作的帽子适宜春夏季的服装搭配，而呢毡、毛皮、粗毛线编织的帽子适宜与秋冬季的大衣或棉衣相配；从色彩来说，一般选择黑、白、灰色的帽子可以与任何色彩的服装相配，也可以与围巾的色彩成系列搭配；不同款式的帽子搭配相应风格的服装，如钟形帽、罐罐帽、药盒帽适宜与较正式的服装相配，贝雷帽、牛仔帽与日常休闲装相配等。帽子的搭配还要与穿着者的环境协调。选择在野外郊游可以戴休闲情调的草编帽，运动场所戴配合运动项目的运动帽，鸡尾酒会上可以戴有点个性的帽子。无论怎样，戴帽子时头发必须是干净整洁的，发型不要影响帽子的外观造型，这些细节对于着装的整体效果尤为重要。

三、包

中国古代汉字的包的形状就像一个口袋，验证了包的实用功能的重要性（图5-17）。在人类社会的历史发展和变迁中，包的产生和演变不仅与服装的变化有关，而且更与科学技术的发展、人们生活方式的变化有关。

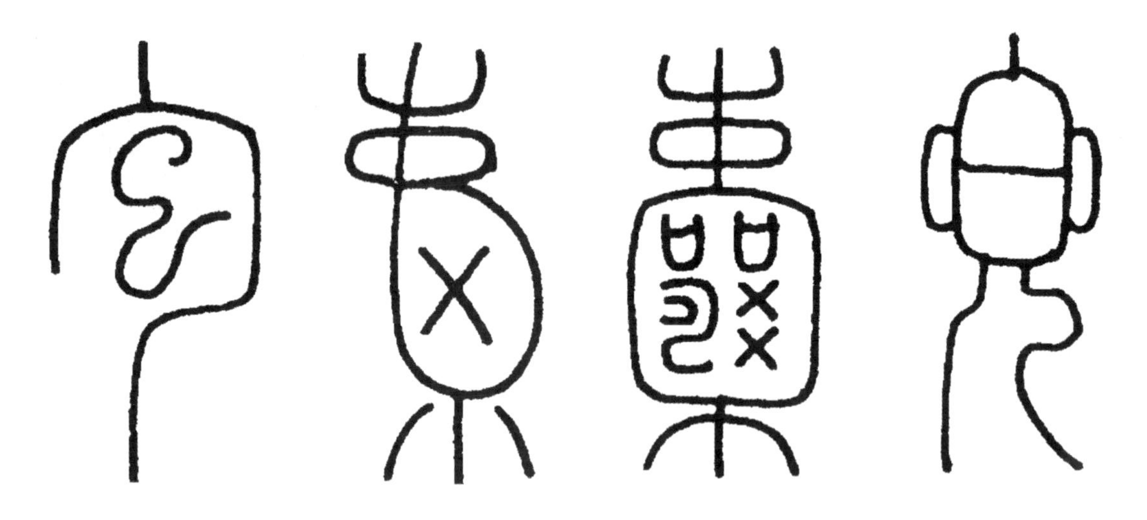

图 5-17　包、囊、兜的古汉字

1. 包的分类

现代的男士女士都有着形形色色的包类。其中女式的包从品种、造型、款式到材料、色彩、工艺都比男式包要丰富得多。通常有下列几种形式：

（1）手提式（图5-18～图5-20）

宴会包：一般为女性出席晚宴、酒会等正式的社交场合携带的精致的手包。这种包型的

图 5-18　豹纹图案与黑色皮质的时尚组合

图 5-19　国际品牌路易·威登（LV）不同色彩和材质拼接的时尚而富有个性的蓝色手提包

图 5-20　宴会包的包体不大，装饰性大于实用性、表面装饰丰富，华丽富贵

装饰性大于实用性。色彩高贵、典雅、华丽，造型薄而小巧。包体通常用人造珠、水钻、金属片、刺绣图案、蕾丝花边、人造花等装饰。

时装包：女士访客、逛街、上班时用包。时装包强调时尚性，包的造型、结构、色彩、材料、肌理、装饰等顺应时尚的变换。

（2）腰挂式（图5-21）

腰包：固定在腰间的包，一般体积不大，常用皮革、印花牛仔面料等材料制作，是外出旅游时方便又实用的包。

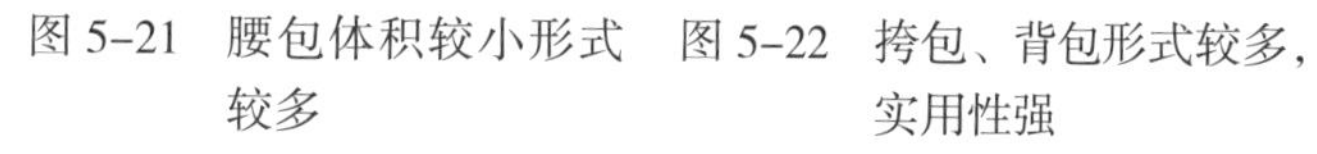

图 5-21　腰包体积较小形式较多

图 5-22　挎包、背包形式较多，实用性强

（3）背挎式（图5-22）

背包：分为单肩背式和双肩背式，大多顺应时尚的变化，采用流行的色彩和造型以及装饰手法，制作材料的种类也很丰富。多用各种色布、花布，斜纹帆布、牛仔、草藤、麻、皮等面料。

（4）包中包（图5-23）

多为长方形造型内部有功能分明的夹层，用来装零钱、名片、信用卡等物品的钱包。还

图 5-23　包中包

有女士专用于存放化妆品的化妆包，都属于放于包中携带的“包中包”。

2. 包袋和服装的关系

不同包袋的造型、色彩、材料、装饰，形成了其独特的服饰语言。包袋与服装属于一个整体的两个部分，搭配使用恰当，才会显出包袋既实用又美观的特点。色彩是决定包袋与服装关系的重要因素。选择包袋的颜色一般避免过于突出。最好选择与围巾、鞋子等同样的颜色，简单的方法可以选择灰色或无彩色，可以与种服装进行搭配，有着很强的实用功能。

（1）对比与统一

服装与包袋之间的层次起伏构成对比。产生较强的视觉效果，形成明朗、强烈、清晰的使用特征，增强节奏感和跳跃感，进而达到丰富与简单相互对比的美感。

包袋与服装之间的“同一性”是产生美感的表现手法之一。“同一性”主要表现在色彩或材料上的共性或某些部位之间的相互关联。它使物与物之间有区别又相近，处于你中有我，我中有你的表现之中（图5-24 ~ 图5-27）。

（2）色彩与造型

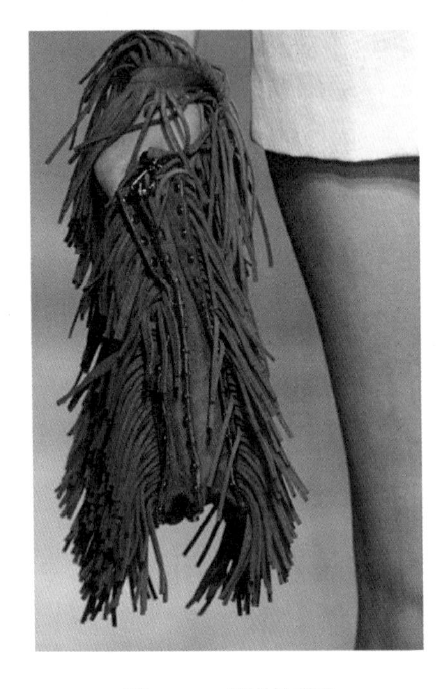

图 5-24　材质的对比

图 5-25　色彩的对比

图 5-26 肌理的对比

图 5-27 色调的“同一性”

包袋与服装之间是点缀与衬托的关系。包袋的色块与服装的色块排列在一起，形成大与小的色块对比。服装和包袋之间出现冷与暖、鲜与晦和明与暗的视觉效果，形成色彩的起伏和跳跃。包袋的造型设计是点、线、面的设计，而在服装的款式中也有点、线、面的变化。因此，它们之间就必然存在着相互之间的对比与协调关系。

另外，包袋的不同材质也产生不同的感觉。真皮类的显出高贵、典雅的品质；布类的显得朴素、随意；编织类的显得轻松自然；闪光的革类显得时髦等。包袋的选择应与服装风格谐调、一致（图5-28～图5-31）。总之，要从款式、色彩、材质、穿着者、穿着场合等诸方

图 5-28 手套、包、腰带等服饰品的统一性增加了服装的整体效果

图 5-29 补色对比

图 5-30 鲜与晦和明与暗的视觉效果

图 5-31　体积感、设计感的统一

面综合考虑。

四、巾（结）

披在肩上或围在颈部的装饰物主要有披肩、围巾以及领带、领结，它们都有着装饰性与实用性并存的特点。围巾的系戴部位靠近脸，是最能引人注目强调形象特征的地带（图5-32、图5-33）。披肩、围巾相比较领带和领结造型、色彩和面料显得更为丰富，有长方形、正方形、三角形、圆形等造型，有皮革类、编织类、丝绸类、棉麻类等材料，有钩编、镶拼、绣花、染等各种装饰工艺，组成了一个色彩斑斓的围巾世界。

1. 巾（结）的用法

围巾是一种非常富有表现力和变化性的饰物之一，作为一种装饰物，被女性运用得淋漓尽致。它可以披与头颈之间，绕于胸前，扎在头发上，缠在手腕上，系在腰臀上等等。美国著名女设计师唐娜·卡伦将丝巾比喻为“万能配饰”。丝巾可以是丝巾，也可以是头巾、领带、腰带、胸衣，还可以做成完整的衣服、长裙、手袋、腰包，如果挂在墙上便成了一幅独特的装饰画。围巾的变化性还体现在系戴方法的多样性上。有披挂、打结、缠绕等形式，也有借助胸针固定，不同的系法会生成许多新鲜感。围巾是一种不分男女老少方便实用的配饰品。

图 5-32　围巾的长、短、材质、造型皆有不同，通过风格各异的系法可以带来百变的形象

图 5-33　围巾的不同系法

领带和领结是从外国传入我国的一种男式装饰物。如今在女装中也可使用。领结是系在衬衣领口部外面的一种花结，起着装饰的作用，多用于酒会、音乐会等礼仪场合中，与较正式的礼服搭配使用。西装的领带由领结演变而来，但是领带在正式礼仪和工作场合中都可以使用（图5-34、图5-35）。

20世纪以来，领带和领结已基本形成固定的式样，在许多正式场合中成为男装中不可缺少的装饰。正式场合中男士们穿着正规的西装，在白色衬衫之上再系上合适的领带或领结，无形中会增添了一种严肃和庄重的感觉。这种已盛行一个多世纪曾是西方男子服饰中正式着装典范的装饰形式，在今天仍不失为男装服饰的上乘选择。如音乐会中男性演奏指挥者的固定服饰是燕尾服与领结或西装与领结，男士们谈判、出席宴会等正式服装是西装与领带，这

图 5-34　领结

图 5-35　领带

已成为人们心目中约定俗成的着装形象。领带在形式上变化不大，主要在所用面料和加工方法上创造新的形式和面貌。同时人们还在不断地改变它的系结方式。

2. 巾（结）的搭配规律

披肩、围巾与服装的搭配主要体现在色彩和季节上，春夏秋冬四季使用的围巾在厚薄上有所区别。围巾可以缓和服装色彩不太协调的矛盾，它能补充、加强色彩面积以突出主色调。选择围巾要考虑质料、色彩以及图案是否与衣服搭配，要能给人统一而不单调、变化而不凌乱的感觉。通常浅色的衣服配深色的围巾，造成明度的对比果断而有力度；无彩色的衣服配彩色的围巾，色相的对比醒目，单色衣服配有图案的围巾（图5-36）；花色衣服配素色围巾；平淡的衣服可以选择有些特点的围巾形成视觉中心（图5-37）。不同的季节需要佩戴不同款型、质料的围巾。

图5-36　爱马仕（Hermes）丝巾一向以色彩多变、考究的手工及丰富的图案设计闻名

图5-37　博柏利（Burberry）经典格子围巾

披戴围巾还要考虑着装者的肤色。脸色发黄的人宜戴浅黄、粉红、中灰、浅灰蓝等浅色柔和的围巾，不宜选用深红、深紫、黄色、墨绿等色；肤色较黑的，不宜选用深红、深紫、深灰、黑色等深暗色调的围巾，而以淡灰、湖蓝、玫瑰红等颜色为佳；皮肤白皙的人选择范围较广，用深灰、大红等深色可进一步突出白净，淡黄、粉红等浅色则可用来彰显柔和（图5-38、图5-39）。

在佩戴领带或领结时，要注意与服装搭配适当。从领带的面料、花纹图案、色彩、造型等方面综合考虑。不同材质的领带拥有不同的外观和手感。领带的花纹多是斜条纹、圆点或几何型的小花，富有传统特色的波斯纹样或者对比强烈的大型图案，更多的是各种不同色调的单色领带。领带或领结在服装中主要是起到衬托、点缀和装饰的作用，所以其色彩与服装的色彩应深浅相宜、冷暖适当、面料花型相配及手感协调。不要过分夸张，喧宾夺主，才能相得益彰。

图 5-38　大蝴蝶结系法永不过时，烘托出高贵的淑女气质

图 5-39　围巾镂空的编织在细节上弥补了颜色的单一感

思考与练习

1. 服饰品包括哪些方面？
2. 说说鞋子与服装搭配关系。
3. 举例谈谈帽子与脸型的关系。
4. 谈谈巾的搭配规律。

主题二　饰品的点睛作用

一、首饰

首饰是指用于头、颈、手、胸上的饰品。包括项链（项圈）、胸针（胸坠）、耳环（耳坠）、手镯（手链）、脚链、戒指、臂饰等在内的统称。与其他服饰品相比，首饰是体积最小但表现力最强的配饰。其表现的内容题材极其广泛，从重要人物肖像，结婚生日重大事件纪念，到卡通宠物，花鸟虫鱼，字母标志……它们既可以是表达感情的信物，又可以作为传代保值的物品。随着科学技术水平的提高，使得构成首饰材料的种类和加工工艺得到了丰富与完善。市场上总是能及时地推出风格多样的产品，满足不同阶层、不同喜好、不同风格的消费者的需求。首饰因其自身的特性而成为服饰品中重要的组成部分。

1. 首饰的材质

首饰分两大类，一类是货真价实的金银钻石珍珠，精美华丽，有装饰和保值的双重功能，适合三十岁以上的女士佩戴。著名的品牌有蒂凡尼（Tiffany）、卡地亚（Cartier）等。另一类是艺术味极强的装饰性首饰，款式新颖独特，由木、铜骨、皮、石头、陶瓷、纺织物等各种材料制成。根据人们的心理、喜好和个性需求，现代首饰设计的潮流呈现出多元化的发展趋势。市场上有满足大众化、艺术化的仿真时装首饰，如木、骨雕刻类，陶瓷类，塑料类，绳编刺绣类等。时装首饰的风格多样，如古典型，高雅型，自然型，前卫型，浪漫型，怀旧型，民族型等，这些款式丰富、新潮时尚、价格便宜的饰品受到许多年轻人的青睐。现代饰品设计的整体性、配套性意识也明显化，设计师往往提供了项链、耳环、戒指、手镯等一组或一个系列的产品，加强了设计的整体性，还出现了具备实用和装饰双重功能的设计产品，如表镯，音乐项链等。

图 5-40　安娜·苏的设计作品最擅长于从大杂烩般的艺术形态中寻找灵感

2. 首饰的搭配规律

（1）首饰与服装的搭配

首饰有着悠久的历史和丰富的样式。对首饰的选择需要配合服装的风格和穿着环境。不同的人喜好不同的风格。有的人只相信昂贵的名牌，有的人注重款式与造型，有的人不喜欢雷同喜欢独一无二，有的人偏爱材料的质感等等（图5-40、图5-41）。不同的着装风格需要搭配不同色彩和造型的首饰，不能一味地任凭自己的喜好。如对于廓型简洁的职业装配饰，可以选择造型简洁、做工精致的钻石耳钉和项坠、胸针，可以突破职业装色彩的单纯性，既有品位又不张扬；带有民族风格的服装适宜搭配贝壳、竹木、陶瓷材质的首饰（图5-42）。

首饰的选择还与着装的环境相关，参加庆典宴会晚会等正式场合的配饰可以选择与礼服、包相配的系列首饰，一般可佩戴亮色系列、造型华丽独特的珠宝。近年来各大

图 5-41　职业装适宜佩戴珍珠或做工精良的黄金铂金首饰

图 5-42　藏族饰品有着独特的材质和色彩

电影节和颁奖晚会也成为众设计师展示作品的舞台。

与时装一样，饰品也有季节性。由于季节不同，对于饰物的质地、色彩、形式以及佩戴取舍的要求也不同。夏季的服装面料轻薄，可佩戴一些色调淡雅的水晶饰品（图5-43、图5-44）。冬季的面料较为厚重，适宜选择有分量的配饰。

图 5-43　晚礼服配戴的系列

图 5-44　首饰的色彩要与服装的色彩以及着装者的肤色谐调

（2）首饰与着装者的关系

心理学家研究认为，人的性格气质、精神状况与文化素养、审美水平、着装喜好都有着一定的联系。着装者个人的审美观和欣赏能力对着装起着决定性的作用。每个人如果不客观把握自己的性格特点、长相体态而去装扮，是不会取得好的效果的。

首饰的佩戴与人的体型、发型、脸型、肤色等因素有着密切的关系。如耳环的佩戴就对人的脸型可以起到很好的平衡作用。椭圆脸型的人可以佩戴各种形状款式的珠宝；方脸型的女性为了增加脸部线条的柔和适宜应佩戴一些曲线造型的首饰，如水滴形、椭圆形的耳环，不适宜佩戴一些棱角分明或几何形态过于规则的耳饰；圆脸型的女性则适宜选择一些外形修长或垂式的耳环；戴眼镜的女士因为眼镜的反光适宜选择素净的耳环。 项链形成的线与领口线一样，有强调或减弱脸的形状或大小、脖子的粗细长短的作用，所以选择与服装领子相配的项链尤为重要。一般体胖脖子短的人适宜选择配有长形悬垂饰物的项链，细长、造型简洁的项链可以增加视觉的延伸，可在胸前构成的“V”型图案会使脖子看起来有长一些的感觉，佩戴大颗粒的短串珠只会让脖子看上去显得更短（图 5-45）。瘦高的人为了使脖子显得圆润，适宜佩戴相对短小而简洁的颈链，或佩带一些层叠式富有图案结构的项链可以增加颈部的丰满感，瘦小的人不宜佩戴过分粗大的首饰，选择小巧精致的首饰会使人产生娇柔伶俐的感觉。

此外，首饰还与着装着的性格有着极大的关系。如对不同造型首饰的选择表现了着装者不同的性格特征（图5–46）。如选择三角形的吊坠适合个性活跃者，方形适合有事业心的女性，星形适合爱幻想的少女，圆形适合稳重成熟的妇女。对男士而言，首饰的结构多用方形，给人稳重理性的印象。

图 5–45 有长形悬垂饰物的项链可以增加视觉的延伸感

图 5–46 手镯套戴是个富有创意的时髦做法，不同的材质对比和宽窄不一的色彩是很有个性的搭配

二、腰带

腰臀部的配饰品主要是腰带。腰带与服装一样有着古老而又悠久的历史。起着固定衣服和装饰美化的双重作用。中国古代的衣服没有扣襻，衣裤的固定是靠各种形式的带子。腰带成为身份和地位的象征。而今天的人们更注重腰带的美观实用性。

1. 腰带的分类

腰带分为实用和装饰两大类。实用性的腰带一般用在裤装上，一些大衣类、风衣类、便装类的服装上含有实用性的腰带。装饰性的腰带常与晚装、休闲装搭配。腰带的设计主要是造型、色彩与材质的设计。尤其是构成腰带的材质是不可忽视的重要因素。用皮革或纺织面料做的腰带称为“皮带”“腰带”。把用链条做的或配有各种装饰物的腰带称为“腰链”“腰饰”。材料的质感、手感、自然纹理、色彩都是腰带设计变化的要素。同一款式的腰带选择不同材料制作会产生完全不同的外观效果。常用于腰带的装饰材料有皮革、塑料、纺织品、金属链、绳等，用来装饰的材料有各种金属扣、金属孔、钮、链、夹、钩、绳结、珠子、羽毛、金属片、首饰、花饰品、悬垂挂件等，而镶嵌、刺绣、印花、编结、花结、流苏等不同的装饰方法形成了腰带丰富的色彩和肌理形式（图5–47、图5–48）。

图 5-47　腰带闪亮的金属材质和衣料柔软的针织材质形成鲜明的对比

图 5-48　金色镂空阔腰带在上下装之间起到很好衔接作用，镂空的形式与上下装的图案形式一脉相承

2. **腰带的搭配规律**

（1）腰带与服装的关系

色彩的设计对于腰带来说至关重要。腰带是连接上下装的纽带，腰带虽小也是常成为衣着打扮的焦点。一条有特色的腰带能使一条简单平常的裙子充满个性，选择各种低明度的暗色和黑色腰带很好搭配用，腰带从色彩感上能更好地突出女性的胸、腰和臀部的曲线（图5-49～图5-51）。

（2）腰带与着装者的关系

腰带的选择与着装者的体型有着密切的关系。如腰带的宽度直接影响着着装者身高的视觉效果，过宽或色彩对比过强的腰带，横向分割与上下对比容易把身材一分为二，过宽的腰带因为视错容易使人们对原本线的概念转化为横向面的概念。装饰腰带还可以相应的改变人的腰部缺陷。腰节偏低的人可以选用宽腰带，粗腰围的人可以选用细腰带，高个子的人可以选用与服装色彩对比鲜明的腰带，强调上下比例的分割可以获得不那么高的视觉效果。宽形腰带有助于让腰间显纤细，但是越宽的腰带材质越要轻柔（图5-52～图5-54）。

此外，手套、手表、袖扣、眼镜、扇子、花饰品、伞等配饰品，也是整体服饰艺术中不可分割的一部分。尤其是装饰性强的透明薄纱、镂空绣花、蕾丝花边、毛皮饰边的手套是晚会、酒会上配合礼服使用的必需品。花饰品也是服饰中应用非常广泛的饰品之一。它的风格独特，艺术性强。在古今中外的服饰史中，花饰品充分展示了艺术、文化、风格和技术的精华与内涵。花饰品是用各类纺织面料、皮革、线绳、羽毛等材料，依照自然花卉形制作的人

图 5-49　形如子弹带的芬迪（Fendi）金色蛇皮纹宽腰带被加在同色皮草大衣外面，和皮草大衣的豹纹交相辉映

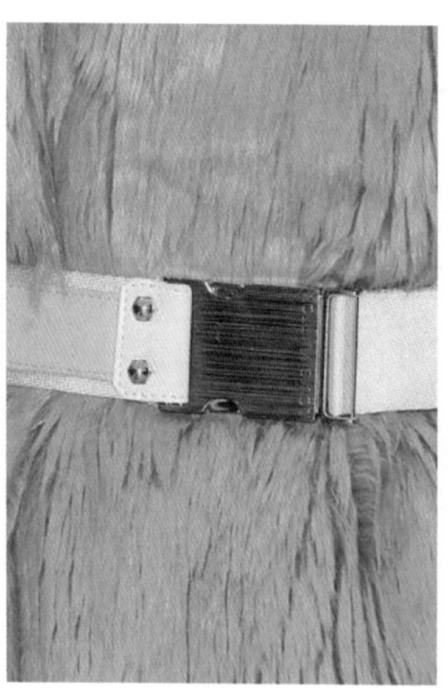

图 5-50　白色的帆布和皮料混搭，给整个视觉效果带来了丰富的质感和层次感

图 5-51　带有浓浓欧洲风情的刺绣腰带搭配荷兰风情的圆点泡袖衬衫和裙子，显得典雅秀丽，散发出清新的民族韵味

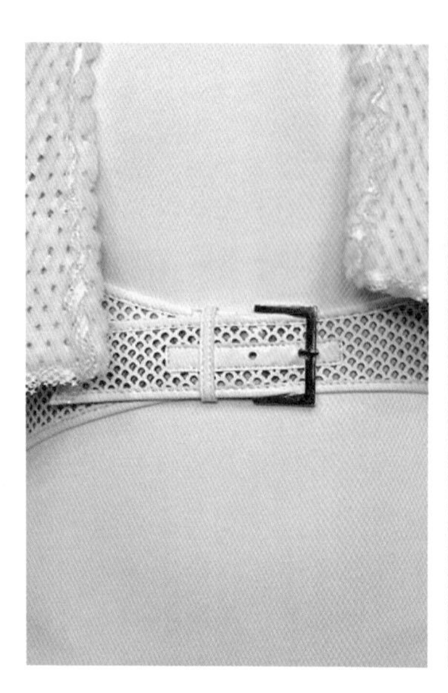

图 5-52　系于臀部的丝质腰带上装饰了水晶和亮片，装饰部位与材质的强化突出了女性妖娆的性感

图 5-53　两端宽中间窄的芬迪（Fendi）“凹”字型腰带，勾勒出完美的曲线，简洁而现代感十足

图 5-54　在胸线以下束起的阔腰带，有着日式和服缠腰的痕迹。黑色皮质包边勾勒出衣裳与腰带的清晰界线，让身材比例变得更加修长纤细

造立体花。花饰品在女装、女用服饰品中运用广泛，从头饰、帽饰到胸饰、手饰、腰饰、足饰、鞋饰等都可以用其作装饰。尤其是晚礼服、婚纱、高级女装以及帽子、手袋、头饰等很讲究用花饰来点缀，能表现女性优雅、柔美的一面。

思考与练习

1. 首饰包括哪些分类？
2. 谈谈首饰与着装者的关系。
3. 谈谈腰带与着装者的关系。

主题三　服饰品的搭配原则

一、审美性

服饰配件中每一件作品都可被视为完整的艺术作品。在选择搭配的服饰品时，作为服饰品本身的形式要具有美感。服饰品的形式美感包括服饰品的结构、造型、色彩、材质等因素，也包括构成事物的集合关系。如大小形状的排列构成，不同色彩的位置排列，不同材料的质感对比等。这种集合关系显示了形式美的诸多法则，如对称与均衡，节奏与韵律等。

服饰品的流行与社会时尚和新材料的发现有密切的关系。时代不同，服饰品的式样也不相同。文化艺术直接的影响服饰品的造型。随着科学技术的发展，作为构成服饰品的物质载体——材料的种类也越来越丰富，为设计师和消费者提供了丰富的选择空间。常用的材料有纺织品、皮革、金属、塑料、陶土、木材等。不同的材质的质感、肌理效果不同，给人视觉上带来的感受也不同。20世纪90年代后期出现了很多新发明的发光面料，为包袋、鞋子的设计提供了变化的条件。使鞋子、包袋不仅外形变了，质感也变了。

图 5-55　爱马仕（Hermes）服装与包

二、统一性

服饰作品的完成实际上是一种艺术综合的过程，不同的、独立的品种组合成一个完整的服饰形象系列。许多独立的服饰配件种类需要谐调地结合起来，形成一个崭新的、完整的视觉形象。否则会削弱服饰整体形象的表现力。着装的艺术追求的是整体的风格形象。是包括服装款式色彩、首饰鞋帽、化妆发型等在内的完整统一体的形象（图5-55、图5-56）。服饰品搭配的统一性主要是指三个方面：服装与服饰品的统一，服饰品与人体的统一，服饰品与环境的统一。

服装与服饰品的统一，是指服装与服饰品在造型、色彩、材质风格上的统一。成功的服饰品搭配有着“锦上添花”“画龙点睛”的效果（图5-57）。现在市场上有的服装品牌为了省却顾客的烦恼，索性生产设计出售与服装匹配的服饰品，大大方便了顾客，也刺激了购买力。

服饰品与服装一样都是以人体为依据的造型艺术，比例适当结构匀称的人体固然很好，

图5-56　饰物等装饰的配置与配比对于服装的完成度至关重要，尤其当装饰成为“设计眼”时，对饰物分量的掌握直接影响到服装的完整性

图5-57　黑色夹口手提包，在粗棒针毛线的流苏之间点缀了羽毛，那圆润厚实的质感与羽毛的轻盈随意对比，充满了动感之美

但是事实现实生活中的人体有着千差万别的变化，比例结构常常有些局部的不足，如斜肩、驼背、突臀等，所以灵活的选择服饰品的搭配显得尤为重要。搭配设计的宗旨按照扬长避短的原则，如宽粗的腰带不适合腰部肥粗的人，腿短的人选择与裤子或裙子相同颜色的袜子和鞋，可以看上去显得长一些。

服饰品与环境的统一是指服饰品也应该遵守服装的TPO原则。服饰品完善服装效果的作用，一般建立在与服装使用场合搭配的基础上。如职业女性工作时佩戴的服饰品以造型简洁大方的为主，出门旅游度假可以选择既有型又实用的帽子、太阳镜等，舞会或朋友的生日可以使用些造型夸张、色彩鲜艳的服饰品等等。

三、从属性

在人、服装和服饰品的三者关系中，服饰品的作用固然重要，但服装和服饰品关照的中心、主体始终是着装的对象——人。服饰品不仅受到服装款式和着装对象的牵制，还受到

原材料的性质和加工工艺的制约。服饰品只有与服装一起才能显示出它的装饰作用和经济价值。因此，服饰品材质的选定，装饰的部位，表现的手法和表现形式等都要从属于服装和着装对象。

思考与练习

1. 服饰品的搭配原则是什么？
2. 服饰品搭配的统一性指哪些方面？

参考文献

[1] 叶立诚. 服饰美学 [M]. 北京：中国纺织出版社，2001.
[2] 上海市职业能力考试院，上海服装行业协会组. 服装设计 [M]. 上海：东华大学出版社，2005.
[3] 陈望衡. 艺术设计美学 [M]. 武汉：武汉大学出版社，2000.
[4] 刘小刚. 品牌服装设计 [M]. 北京：中国纺织大学出版社，2004.
[5] 包铭新，王晶. 实用服装英语 [M]. 上海：东华大学出版社，2005.
[6] 李当岐. 服装学概论 [M]. 北京：高等教育出版社，1998.
[7] 吴静芳. 服饰配套学 [M]. 上海：东华大学出版社，2004.
[8] 徐军. 服装材料 [M]. 北京：中国轻工业出版社，2001.
[9] 黄元庆. 服装色彩学 [M]. 北京：中国纺织出版社，2001.
[10] 中泽愈. 人体与服装 [M]. 袁观洛，译. 北京：中国纺织出版社，2000.
[11] 刘小刚，崔玉梅. 基础服装设计 [M]. 上海：东华大学出版社，2003.
[12] 文化服装学院. 文化服装讲座 [M]. 冯旭敏. 马存义，译. 北京：中国轻工业出版社，2001.
[13] 许星主. 服饰配件艺术 [M]. 北京：中国纺织出版社，2005.
[14] 杨永庆，张岸芬. 服装设计 [M]. 北京：中国轻工业出版社，2006.
[15] 吕波. 现代服装设计 [M]. 长春：吉林美术出版社，2004.
[16] 包昌法. 服装学概论 [M]. 北京：中国纺织出版社，2004.